人工智能技术专业群系列教材

主 编◎张 波 耿韶光 刘 鹏

人工智能数据标注

实战教程

电子工业出版社

Publishing House of Electronics Industry

北京·BEIJING

内 容 简 介

本书根据《人工智能工程技术人员国家职业技术技能标准》和《人工智能训练师国家职业技能标准》中的相关内容进行编写，采用全新的项目实践的编排方式，真正地实现了基于工作过程和项目的教学理念。本书在着力培养学生的基本数据标注能力的同时，注重其工程化思维的培养与标注操作规范的养成。全书共 5 章，包括数据标注基础、图像标注项目、视频标注项目、自然语言标注项目和语音标注项目。本书根据学生的认知规律安排知识点，提供了内容丰富的案例、动手实践和课后习题，能有效地提高学生的学习兴趣和动手实践能力。

本书可作为应用型本科院校和高职院校人工智能相关专业的数据标注教材，也可作为数据标注人员的基础自学参考用书。

图书在版编目（CIP）数据

人工智能数据标注实战教程 / 张波，耿韶光，刘鹏主编. —北京：电子工业出版社，2023.6

ISBN 978-7-121-45911-5

Ⅰ. ①人… Ⅱ. ①张… ②耿… ③刘… Ⅲ. ①人工智能－应用－数据处理－教材 Ⅳ. ①TP18②TP274

中国国家版本馆 CIP 数据核字（2023）第 124300 号

责任编辑：关雅莉

印　　刷：三河市华成印务有限公司

装　　订：三河市华成印务有限公司

出版发行：电子工业出版社

　　　　　北京市海淀区万寿路 173 信箱　　　　邮编：100036

开　　本：787×1092　　1/16　　印张：13.75　　字数：317 千字

版　　次：2023 年 6 月第 1 版

印　　次：2025 年 1 月第 5 次印刷

定　　价：45.00 元

凡所购买电子工业出版社图书有缺损问题，请向购买书店调换。若书店售缺，请与本社发行部联系，联系及邮购电话：(010) 88254888，88258888。

质量投诉请发邮件至 zlts@phei.com.cn，盗版侵权举报请发邮件至 dbqq@phei.com.cn。

本书咨询联系方式：(010) 88254576，zhangzhp@phei.com.cn。

前　言

党的二十大报告指出："教育、科技、人才是全面建设社会主义现代化国家的基础性、战略性支撑。"职业教育作为教育事业的一个重要组成部分，其目的是培养应用型人才，以及具有一定文化水平与专业知识技能的社会主义劳动者和建设者。职业教育侧重对学生进行实践技能和实际工作能力的培养。在职业院校中，"人工智能数据标注"是人工智能专业的一门重要课程。

本书面向人工智能相关专业的学生，借鉴了目前国内已经出版的相关教材的先进理念，吸收了一流高职院校中品牌专业建设的优秀经验，并对接《人工智能工程技术人员国家职业技术技能标准》和《人工智能训练师国家职业技能标准》，以期达到新时代人工智能相关专业人才培养的目标。本书的设计从对应的就业岗位调研入手，通过分析得到典型的工作任务，遵循"内容由易到难、能力逐层提升"的原则对工作任务进行整合，并提炼出相应的工作情景。本书以产业实践要求为纲，激发学生的学习兴趣，培养学生的奋斗精神，为其今后对相关知识的深入学习打下良好基础。

本书特点

（1）教材内容与数字化资源一体化、教材编写与课程开发一体化。通过对信息技术与教学内容进行整合，突出数据标注的实操性特点，并针对重点、难点内容制作微课视频。

（2）遵循项目驱动教学的理念设计学习过程。学生通过操作可以完成实践案例。

（3）按照课程思政的基本要求，将思政之"盐"有效融入教材。

本书内容

本书共 5 章，具体内容如下。

第 1 章　数据标注基础。主要介绍图像、视频、自然语言及语音的相关基础概念，以及标注工具平台的安装和基本使用方法。

第 2 章　图像标注项目。主要介绍图像标签分类、图像目标检测、图像分割和关键点项目的建立，以及标注过程等相关内容。

第 3 章　视频标注项目。主要介绍视频分类、视频跨帧追踪项目的建立，以及标注过程等相关内容。

第 4 章　自然语言标注项目。主要介绍命名实体识别、文本分类、文本关系抽取、文本摘要和生成对话项目的建立，以及标注过程等相关内容。

第 5 章　语音标注项目。主要介绍自动语音识别、说话人语音分割、声音事件检测和语音意图分类项目的建立，以及标注过程等相关内容。

适用读者

（1）可以作为应用型本科院校和高职院校人工智能相关专业的数据标注教材，建议学时为 48 学时。

（2）可以作为具有一定人工智能基础的人员的学习资料。

（3）可以作为人工智能数据标注工作从业人员的参考资料。

（4）可以作为利用业余时间学习数据标注技能的人员的学习资料。

教学资源

本书由天津电子信息职业技术学院的张波、耿韶光和刘鹏担任主编，并负责拟定全书的内容和案例。具体分工为：第 1 章和第 4 章由张波编写；第 3 章和第 5 章由耿韶光编写；第 2 章由刘鹏编写。

本书的配套数字化资源包括微课视频、教学案例素材、教案、课程标准及相关扩展资料等。读者若有需要，请登录华信教育资源网注册后免费下载本书的配套数字化资源。

感谢

本书的编写得到了腾讯、中科闻歌、起硕科技等多家高科技企业的支持，并得到了电子工业出版社的大力帮助，在此表示衷心的感谢！

感谢各位读者在茫茫书海中选择本书，衷心祝愿您能够有所收获。由于编者水平有限，书中难免有疏漏和不足之处，敬请广大读者批评指正。欢迎读者发送邮件到 zhangbo@tjdz.edu.cn 进行交流。

目　　录

数据标注基础

"现在的人工智能，前面有多少智能后面就有多少人工。"

——《三体》作者刘慈欣

20世纪50年代，人工智能走上人类现代科技的历史舞台。从阿兰·图灵提出图灵测试，到马文·明斯基建造世界上第一台神经网络计算机，一件件铭刻史册的事件拉开了人工智能发展的序幕。

1956年，马文·明斯基、约翰·麦卡锡与克劳德·香农等人发起达特茅斯会议，被视作人工智能的起点，会议的主要参与人如图1-1所示。会议组织者麦卡锡起初为此次会议起了一个别出心裁的名字——人工智能夏季研讨会。此后人们普遍地认为"人工智能"这个词是由麦卡锡提出来的。不过麦卡锡晚年回忆，承认这个词最早是从别人那里听来的，但记不清是谁了。这件事俨然已经成为一个有趣的悬案。

图1-1　达特茅斯会议的主要参与人

自1956年起，一直到21世纪初期，学者们对人工智能的研究始终将算法作为研究重点。

直到 2007 年，华人科学家、斯坦福大学教授李飞飞的一项研究将数据推到了可以与算法媲美的重要历史地位。

2007 年，李飞飞教授启动 ImageNet 项目（见图 1-2）。该项目借助亚马逊的众包平台完成对大量图像的分类标注任务。在此项目的研究过程中，李飞飞教授逐渐认识到数据的重要性。之后，在项目的推动下，ImageNet 大规模图像识别竞赛（ImageNet Large Scale Visual Recognition Challenge，ILSVRC）被拉开了帷幕。这项比赛以数据为主导，极大地加快了人工智能技术的发展步伐。

图 1-2　ImageNet 项目

随着各类人工智能竞赛的成功举办和人工智能产业的发展，人们越发认识到数据对人工智能发展的积极作用。市场将数据的价值提升至更高的层次，数据标注行业由此诞生，并产生了数据标注的专业岗位。

现在，在整个人工智能产业体系中，数据、算法和算力作为人工智能进化的三大要素，分别扮演着算法进化依据、工作指导方法和人工智能基础设施能力的角色，如图 1-3 所示。这三大要素相辅相成，共同推动人工智能的发展。数据作为至关重要的算法训练"原料"，从质的层面提升了人工智能的智能化水平。

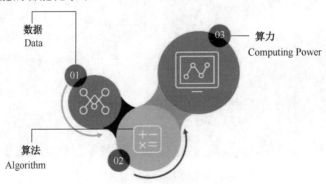

图 1-3　数据、算法和算力

　　2020 年，中国公布了第一份关于要素市场化配置的文件，即《中共中央 国务院关于构建更加完善的要素市场化配置体制机制的意见》，将数据列为新型生产要素之一，并上升到国家战略层面。根据艾瑞咨询数据统计，2020 年，中国人工智能基础数据服务市场规模约为 37 亿元，按业务内容划分，图像数据收入占 45.3%，语音类数据收入占 43.5%，而自然语言类数据收入占 11.2%。在数据资源定制服务中，图像类数据需求占比最高。2021 年，艾瑞咨询发布《2021 年中国人工智能基础层行业发展研究报告》，预计 2025 年中国人工智能基础数据服务市场规模将达到 107 亿元。

　　市场是催生和推动产业及职业发展的基础。数据标注岗位，尤其是人工智能数据标注岗位在未来必然会伴随着人工智能产业的发展而越发重要。2021 年，中华人民共和国人力资源和社会保障部与中华人民共和国工业和信息化部联合制定了《人工智能工程技术人员国家职业技术技能标准》和《人工智能训练师国家职业技能标准》两项关于人工智能的职业技能标准，均对人工智能数据标注技能提出了明确的要求。党的二十大报告提出，"推动战略性新兴产业融合集群发展，构建新一代信息技术、人工智能、生物技术、新能源、新材料、高端装备、绿色环保等一批新的增长引擎。"相信在此之后，人们对人工智能产业及相关数据标注工作所需要的专业技能将形成新的认识。

1.1　数据标注的定义

　　数据标注是对未经处理的初始数据（包括语音、图像、文本、视频等）进行分类、编辑、纠错和批注等加工处理，并将它们转换为机器可以识别的信息的过程。对于初始数据，一般通过数据采集或网络爬取方法来获得。随后的数据标注相当于先对数据进行加工，然后输送到人工智能算法和模型中完成调用。

1.1.1　任务分类

　　数据标注项目根据基本任务方向的不同，目前主要分为视觉标注、语音标注和自然语言标注 3 类任务，如表 1-1 所示。

表 1-1　数据标注项目的任务分类

任务	子任务
视觉标注	图像分类、目标检测、语义分割、实例分割、全景分割、视频分类、关键点标注、3D 点云标注、图像问答等
自然语言标注	命名实体、翻译、关系抽取、文本摘要、问答和分级分类等
语音标注	语音分割、语音自动识别、语音信号事件等

1.1.2　数据标注项目的工作流程

数据标注项目在实施过程中的工作流程如表 1-2 所示。

表 1-2　数据标注项目的工作流程

序号	工作阶段	工作内容
1	项目启动	该阶段通常包括制订项目计划、准备环境和资源、准备前期培训和测试等。 参与人包括客户、管理层人员、技术支持人员和全部项目组人员
2	项目标注	该阶段通常包括按照项目计划进行标注和抽检等。 参与人包括全部项目组人员、质量控制人员和技术支持人员
3	项目验收	该阶段通常包括针对首尾阶段的数据标注质量检测，如果数据质量未达到或超过约定检出率，则返工重新进入标注阶段。 参与人包括质量控制人员
4	项目交付	该阶段通常包括客户验收和确认过程。 参与人包括客户、全部项目组人员、质量控制人员和技术支持人员

需要注意的是，如果项目采用增量交付方式，则后面的项目验收和项目交付阶段会在产生一部分结果之后作为中间阶段加入数据标注项目的工作流程之中。使用流程图的方式描述数据标注项目的工作流程，如图 1-4 所示。

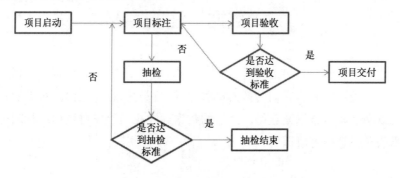

图 1-4　数据标注项目的工作流程

1.2　计算机视觉标注相关基础概念

计算机视觉是一门研究如何使机器"看"的学科，特指使用摄像头和计算机代替人眼完成对目标的识别、跟踪和测量等机器视觉任务。作为人工智能领域的三大研究方向之一，计算机视觉相关的理论和技术试图建立能够从图像或相关多维数据中获取"信息"的人工智能系统。

1.2.1　图像

1）像素

通常，像素分为数码像素和屏幕像素。

数码像素是一种虚拟数字，一般长宽比为 1:1，但实际比例并非严格的 1:1。可以根据适配物理设备而定，如 1:1.21 和 1:1.09 等。

屏幕像素是指显示屏的像素，包括电视机屏幕像素、计算机屏幕像素、手机屏幕像素等，这些像素不是虚拟的，而是实实在在存在的，具有物理尺寸，通常以英寸（inch）为单位。屏幕像素通常只有一种比例，即 1:1，并且像素点之间是紧挨着的。例如，观察到的一张图像实际是由屏幕像素组成的，如图 1-5 所示。

2）分辨率

通常，分辨率分为屏幕分辨率、打印分辨率和数码图像分辨率。

屏幕分辨率只与长度有关，用 ppi 表示，又被称为像素密度，表示每英寸有多少个像素点，与物理设备相关。

图 1-5　由屏幕像素组成的图像

ppi 与 x（长度像素数）、y（宽度像素数）和 z（屏幕尺寸，即对角线长度）3 者的关系可以表示如下。

$$ppi = \frac{\sqrt{x^2 + y^2}}{z}$$

打印分辨率用 dpi 表示，表示每英寸有多少个打印点，与物理设备无关。因此 ppi 和 dpi 并无直接联系。

数码图像分辨率指的是图像的像素。数码图像的物理尺寸可以是任意的。如果当前数码图像的分辨率标为 5000 像素×4000 像素，屏幕分辨率是 100ppi，则该图像的屏幕显示尺寸为宽=5000/100=50 英寸，高=4000/100=40 英寸。

3）色彩空间

大部分人的视网膜上有 3 种感知颜色的感光细胞，即视锥细胞，又被称为 L/M/S 型细胞，分别对不同波长的光线敏感。3 种视锥细胞最敏感的颜色分别是橙红色（长波，Long），绿色（中波，Medium），蓝色（短波，Short）。这 3 种视锥细胞的归一化感光曲线如图 1-6 所示。可以看到，L 型视锥细胞与 M 型视锥细胞的感光曲线差别很小，实际上这两种视锥细胞起源于一次基因变异。

正是由于人的视网膜上有 3 种感知颜色的视锥细胞，因此理论上利用 3 种颜色的光可以混合出自然界中可感知的任何一种颜色。20 世纪 20 年代，戴维德等科学家通过对 3 种颜色的光进行匹配，得到了人眼对于不同颜色光的匹配函数。设 3 种颜色光的（R 红色，G 绿色，

B 蓝色）强度分别为 r，g 和 b，则颜色 C 可表示如下。

$$C = r \times R + g \times G + b \times B$$

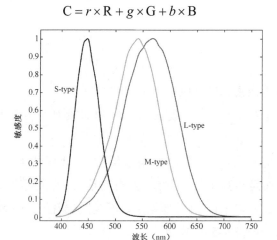

图 1-6　3 种视锥细胞的归一化感光曲线

只要按照强度来混合 3 种颜色的光，就可以得到任意颜色的光。科学家们将所得颜色按照光谱顺序排布，得到了纯光谱色混合叠加的数据。而由这些数据构成的曲线就是颜色匹配函数曲线。在这个基准下被定义的色彩空间就是最初的 RGB 色彩空间。

计算机无法模拟从最暗到最亮连续存储的量值，而只能以数字的方式表示，即采用 3 个字节来分别表示一个像素中的红色、绿色和蓝色的发光强度。后来在不断的发展过程中，根据每个分量在计算机中占用的存储字节数，RGB 色彩空间又增添了几种亚型。

最初的 RGB 色彩空间存在一种情况，即就算某种颜色光的强度已经减小为 0，仍需继续减小才能与左边的光色相匹配。对此，科学家们在左边的光色中添加 3 种颜色的光中的一种或者几种，继续调节到两边的颜色匹配。在左边添加某种颜色的光相当于在右边的光色中减去对应颜色的光，这就导致 RGB 色彩空间的匹配函数曲线上出现了负数，如图 1-7 所示。

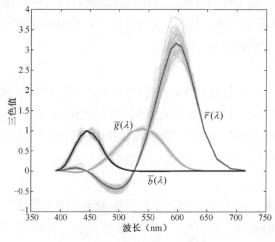

图 1-7　出现负数的 RGB 色彩空间匹配函数曲线

因为 RGB 色彩空间中一部分匹配系数出现了负数，在使用和计算上都不方便，所以科学家们对匹配函数进行了线性变换处理，变换到一个所有分量都是正值的空间中。这个变换后的色彩空间就是 XYZ 色彩空间。

20 世纪 40 年代，麦克亚当设计了几个实验，验证了人眼在色彩方面存在感知阈值。在一定范围内，人眼是无法分辨颜色差异的。这个实验结果的重要意义在于，它直观且明了地揭示了 XYZ 色彩空间在色彩分布上具有不均匀性。之后，人们希望通过一些非线性变换，找到一个感知均匀性更好的色彩空间，继而出现了 LAB 和 LUV 等色彩空间。

LUV 色彩空间引入了圆柱坐标，包括明度、亮度和色相。色相其实就是色彩在圆柱坐标下的角度分量。后来借助圆柱坐标，人们又推导出了 HSB 色彩空间和 HSL 色彩空间。

HSB 色彩空间又被称为 HSV 色彩空间。HSB 色彩空间对应的是人眼对色彩的感知，对色相、饱和度和亮度 3 个通道做出如下定义。

- 色相：表示 0～360°的标准色轮的位置度量。通常，色相是由颜色名称标识的，如红色、绿色或橙色。黑色和白色没有色相。
- 饱和度：表示色彩的纯度，取值为 0 时表示灰色。白色、黑色和其他灰色色彩都没有饱和度。在最大饱和度时，每个色相都具有最纯的色光。取值范围为 0～100%。
- 亮度：表示色彩的明亮度。取值为 0 时表示黑色。最大亮度是色彩最鲜明的状态。取值范围为 0～100%。

HSL 色彩空间是工业界的一种颜色标准，通过对色相（H）、饱和度（S）、明度（L）3 个颜色通道的改变及它们相互之间的叠加来得到各种颜色。

4）图像格式

图像格式主要取决于其表达形式和压缩算法。常见的图像格式有 JPEG（JPG）、PNG、BMP、GIF、TIF 和 RAW 等。

根据压缩损失与否，图像格式可分为如下两类。

- 有损压缩：在压缩图像的过程中，损失了一部分图像的信息，即降低了图像的质量，并且这种损失是不可逆的。常见的有损压缩手段是按照一定的算法对邻近的像素点进行合并。
- 无损压缩：虽然经过压缩，但是图像的质量没有任何损耗。

根据图像的表达形式，图像格式又可分为点阵图和矢量图两类。

- 点阵图：又被称为栅格图或位图。构成点阵图的最小单位是像素。位图是由像素阵列来实现其效果显示的。可以通过改变图像的色相、饱和度与明度来改变其显示效果。点阵图缩放会失真，放大或缩小会造成图像模糊、产生锯齿或出现马赛克效果。
- 矢量图：又被称为向量图。矢量图并不记录画面中每一点的信息，而是使用点、直线、多边形等基于数学方程的几何图元记录元素的形状及颜色。对矢量图进行倍数相当大的缩放，其显示效果仍然相同，不会失真。

在人工智能视觉图像标注任务中，点阵图是主要的标注图像类型，具体包括 3 种格式。

其一，JPEG 格式。是一种不带透明通道的有损压缩的点阵图格式，压缩等级为 0～10 级，压缩等级越高，质量越差。能够将图像压缩在很小的存储空间中，但同时会降低图像的质量。JPEG 格式压缩的主要是高频信息，对彩色信息保留得比较好。

其二，PNG 格式。是一种带透明通道的无损压缩的点阵图格式。其压缩量比 JPEG 格式小，但是 PNG 格式的图像比 JPEG 格式的图像有更小的文档尺寸。它采用 LZ77 算法的派生算法进行压缩，结果是获得高压缩比的图像。利用特殊的编码方法标注重复出现的数据，可以重复保存而不降低图像的质量。PNG 格式主要的特点是支持 Alpha 透明通道，即支持透明背景。PNG 格式最高支持 24 位彩色图像和 8 位灰度图像。

其三，BMP 格式。是一种无损、不压缩的点阵图格式，包含的图像信息比较丰富，采用位映射存储格式。除了图像深度可以选择，不采用其他任何压缩方式，由此导致它占用的存储空间很大。当文件存储数据时，图像的扫描顺序为从左到右、从下到上。

3 种图像格式的优点与缺点如表 1-3 所示。

表 1-3　3 种图像格式的优点与缺点

格式	优点	缺点
JPEG	色域广、文件小、传输快	有损压缩、质量低
PNG	带透明通道、无损压缩、质量较高	若色彩较多，则生成文件会变大
BMP	无损压缩、质量高、色域广	不压缩、文件大

1.2.2　视频

1）视频格式

数字视频是人工智能数据标注重点关注的一种视频形式。数字视频有不同的产生方式、存储方式和播出方式。未经压缩等处理的原始数字视频的体积非常大。为了满足不同的播放场景要求，应采用压缩编码算法对视频进行处理。根据压缩编码算法的不同，视频格式可分为 AVI、WMV、MPEG、DivX 等类型。

MPEG 格式是国际标准组织（ISO）认可的媒体封装格式，受到大部分设备的支持。其储存方式多样，可以适应不同的应用环境。MPEG 格式的控制功能丰富，可以有多个角度、音轨、字幕等。MPEG-4 格式的视频目前经常被用作人工智能视频标注样本。

2）视频帧

视频中标准的基本信息单元被称为帧。帧可以对应"图像"，不同的是，视频帧通常为 YUV 编码模式。在 YUV 色彩空间的三通道中，"Y"表示明亮度，即灰阶值；"U"和"V"表示的是色度，作用是描述影像色彩及饱和度，用于指定像素的颜色。科学家研究发现，人眼对亮度和色度的敏感度很低，因此可以极大比例地压缩 U 和 V 两个通道的数值。

3）帧速率

帧速率即总帧数与时间的比值，单位为帧每秒（Frames Per Second，FPS）。由于人眼的生理结构特殊，当画面帧速率高于 10～12 帧每秒的时候，人眼就会认为其是连贯的视频或动画效果，此现象被称为视觉暂留。帧速率越高，人眼看到的视频就越流畅。避免视频不流畅的最低帧速率是 30FPS。但一些计算机视频格式的帧速率只能达到 15FPS。

另外一个与帧速率相关且经常被提及的概念是时基。时基是定义视频的帧速率的标准，即每秒播放多少帧画面。

4）采样率

随着流媒体的兴起，为缓解网络压力，视频网络播放使用采样率来抽样原视频文件，形成视频流。

例如，444，422 和 420 是 3 种 YUV 色彩空间的采样。3 个三位数分别表示 Y、U 和 V 通道的抽样比。以 444 表示全采样，422 表示对 Y 进行全采样，对 U 和 V 分别进行 1/2 均匀采样，YUV444 采样如图 1-8 所示。

图 1-8 中，每行相邻两个像素，只取一个像素的 U 和 V 通道分量。可以计算出来，现在每个像素占用的通道数大小为原来的 2/3，因此可以说，YUV422 采样（见图 1-9）的体积是 YUV444 采样的体积的 2/3。

在将视频由 YUV 格式转换为 RGB 格式时，一般会共用中间像素的 U 和 V 分量。

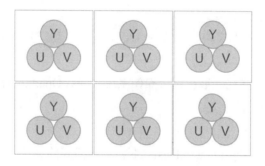

图 1-8 YUV444 采样

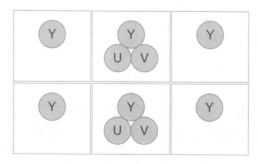

图 1-9 YUV422 采样

5）码率

码率是视频每秒输出的数据位数。常见单位为 Kbps（千位每秒）和 Mbps（兆位每秒）。

一般而言，码率越高，数据量越大，视频质量越好；码率越低，数据量越小，视频质量越差。但是，当码率达到特定的值之后，码率的进一步升高带来的视频质量改善就会变得微不足道，所以码率在一定程度上存在阈值。

6）分辨率

分辨率指的是视频一帧图像中包含的像素的个数，常见的规格有 1280 像素×720 像素和 1920 像素×1080 像素等。分辨率影响图像的大小，且与之成正比。分辨率越高，一帧图像越大；分辨率越低，一帧图像越小。

1.3　自然语言处理标注相关基础概念

自然语言处理是计算机科学领域与人工智能领域的一个重要研究方向。它研究人与计算机之间使用自然语言进行有效通信的各种理论和方法。自然语言处理是一门集语言学、计算机科学、数学于一体的学科。

1.3.1　文件格式

自然语言处理所需样本的文本文件常用 TXT、CSV、JSON 和 XML 格式存储。

1）TXT 格式

TXT 格式即文本文件格式。早在磁盘操作系统（Disk Operating System，DOS）时代应用得就很多，主要存储文本信息。

2）CSV 格式

逗号分隔值（Comma-Separated Values，CSV），该格式的文件（CSV 文件）以纯文本形式存储表格数据。

CSV 文件的具体规则如下。

（1）以行为单位，开始位置不能为空。

（2）文件首行可以为列名行。

（3）数据不跨行，无空行。

（4）以半角逗号为分隔符，列内容为空也要保留分隔符。

（5）列内容如果存在半角引号，则替换成半角引号转义字符。

（6）编码格式不限，可以为 ASCII 格式、Unicode 格式或者其他格式。

CSV 文件示例如下。

```
2000,"Venture ",4900.00
1999,"Venture ",5100.00
```

3）JSON 格式

JS 对象标记（JavaScript Object Notation，JSON）是一种轻量级的数据交换格式。采用完全独立于编程语言的文本格式来存储和表示数据。简洁和清晰的层次结构使得 JSON 成为理想的数据交换格式。JSON 格式的文件（JSON 文件）易于阅读和编写，亦易于机器解析和生成，可以有效地提升网络传输效率。

JSON 文件的具体规则如下。

（1）并列的数据之间用逗号","分隔。

（2）映射用冒号":"表示。

（3）并列数据的集合（数组）用中括号"[]"表示。

（4）映射的集合（对象）用大括号"{}"表示。

JSON 文件示例如下。

```
{
    "name": "中国",
    "province": [{
        "name": "黑龙江",
        "cities": {
            "city": ["哈尔滨", "大庆"]
        }
    }, {
        "name": "广东",
        "cities": {
            "city": ["广州", "深圳", "珠海"]
        }
    }]
}
```

4）XML 格式

可扩展标记语言（Extensible Markup Language，XML），是一种用于标记电子文件，使其具有结构性的标记语言。

XML 格式是纯文本格式，在很多方面与 HTML 格式类似。XML 格式的文件（XML 文件）由 XML 元素组成，每个 XML 元素包括一个起始标记、一个结束标记，以及两个标记之间的内容。标记是对文件存储格式和逻辑结构的描述。在形式上，标记中可能包括注释、引用、字符数据段、起始标记、结束标记、空元素、文件类型声明（Document Type Definition，DTD）和序言。

XML 文件的具体规则如下。

（1）必须有声明语句。

XML 声明是 XML 文件的第一句，语法格式如下。

```
<?xml version="1.0" encoding="utf-8"?>
```

（2）区分大小写。

在 XML 文件中，大小写是有区别的。如 "<A>" 和 "<a>" 是不同的标记。

（3）有且只有一个根元素。

XML 文件必须有一个根元素，它是 XML 声明后建立的第一个元素。其他元素都是这个根元素的子元素。根元素完全包括文件中其他所有的元素，其起始标记要放在其他所有元素的起始标记之前；结束标记要放在其他所有元素的结束标记之后。

（4）属性值使用引号。

在 HTML 格式的文件（HTML 文件）中，属性值可以加引号，也可以不加。但是 XML 文件中的所有属性值都必须加引号（可以是单引号，也可以是双引号，建议使用双引号），否则将被视为错误。

（5）所有的起始标记必须有相应的结束标记。

在 HTML 文件中，标记可以不成对出现。而在 XML 文件中，所有标记必须成对出现，有一个起始标记，就必须有一个结束标记，否则将被视为错误。

（6）所有的空标记必须被关闭。

空标记是指标记对之间没有内容的标记。在 XML 文件中，所有的空标记必须被关闭。

XML 文件示例如下。

```
<?xml version="1.0" encoding="utf-8">
<country>
    <name>中国</name>
    <province>
        <name>黑龙江</name>
        <cities>
            <city>哈尔滨</city>
            <city>大庆</city>
        </cities>
    </province>
    <province>
        <name>广东</name>
        <cities>
            <city>广州</city>
            <city>深圳</city>
            <city>珠海</city>
        </cities>
```

```
    </province>
  </country>
```

1.3.2　字符编码

计算机能理解的"语言"是二进制数，最小的信息标识是一个二进制位，8 个二进制位表示一个字节；而人类所能理解的语言文字则是一套由英文字母、汉语汉字、标点符号、阿拉伯数字等很多字符构成的字符集。如果想让计算机按照人类的意愿进行工作，则必须将人类使用的字符集转换为计算机能理解的二进制数，这个过程就是编码。

1）ASCII 编码

ASCII 编码是最早采用的一种单字节编码系统。在这套编码规则中，人们将所需字符逐个映射到 128 个二进制数中。这 128 个二进制数的最高位为 0，利用剩余 7 位表示具体字符。其中，0X00～0X1F 共 32 个二进制数表示控制字符或通信专用字符（如 LF 换行、DEL 删除、BS 退格）编码，0X20～0X7F 共 96 个二进制数表示对阿拉伯数字、大小写英文字母，以及下画线、括号等进行编码。

2）GB 系列编码

《信息交换用汉字编码字符集　基本集》发布于 1980 年 3 月 9 日，1981 年 5 月 1 日开始实施，标准号是 GB2312—1980。在实施过程中，生僻字、繁体字及日韩字也被纳入了相关标准，就又有了后来的 GBK 字符集及相应的编码规范。GBK 编码规范也是向下兼容的。

3）Unicode 编码

ISO 国际标准化组织提出了 Unicode 的编码标准，这套标准中包含 Unicode 字符集和一套编码规范。其中，Unicode 字符集涵盖当前世界上所有的文字和符号字符。

Unicode 编码标准目前使用的是 UCS-4 编码方案，即字符集中每个字符的字符代码都是用 4 个字节来表示的。因此，如果依旧采用字符代码和字符编码相一致的编码方式，则之前英文字母、阿拉伯数字原本仅需一个字节进行编码，目前就需要 4 个字节进行编码；汉字原本仅需两个字节进行编码，目前也需要 4 个字节进行编码。这对于存储或传输资源并不划算，因此就出现了 UTF-8、UTF-16 等编码方式。

UTF-8 编码的文件有字节顺序标记（Byte Order Mark，BOM）与 without BOM 两种格式。BOM 在 UTF-16 编码中是用来表示高低字节序列的。UTF-16 以两个字节为编码单元，在解释一个 UTF-16 文本前，需要先弄清楚每个编码单元的字节序列。在字节流之前，BOM 表示采用低字节序列，即低字节在前面。如果接收者收到以 EFBBBF 开头的字节流，则可知道这是 BOM 编码。在 UTF-8 编码的文件中，BOM 占 3 个字节。UTF-8 的 BOM 是 EFBBBF，因为 16 位编辑器在载入 UTF-8 文件时会将其转成 UTF-16，所以上述 EFBBBF 在 UTF-16 中是 FFFE。由于文件在采用 with BOM 格式编码时，会产生不必要的数据字节进而影响读取，因此建议一般情况下使用 UTF-8 without BOM 格式进行文件编码。

1.4 语音标注相关基础概念

智能语音是一门研究如何使机器"听"的学科，目的是实现人机语言的通信，主要包括语音识别技术（Automatic Speech Recognition，ASR）和语音合成技术（Text To Speech，TTS）。目前，智能语音技术已被广泛应用于教育、医疗、客服等行业市场，以及个人语音助手等用户 App 中。作为人工智能领域的三大研究方向之一，智能语音技术试图建立从声音中获取"信息"的方式。伴随着智能语音技术的发展，智能语音标注也成为目前人工智能数据标注领域十分重要的组成部分之一。

1.4.1 声音信号

声音是一种压力波。当人们演奏乐器、拍打门窗或者敲击桌面时，振动会让介质即空气中的分子产生有节奏的振动，使周围的空气产生疏密变化，形成疏密相间的纵波，这就产生了声波。这种现象会一直延续到振动消失为止。

声音信号及其特性如下。

1）频率

频率表示声源在一秒内振动的次数，记作 f，单位为赫兹（Hz）。赫兹指每秒周期性变化的次数。

2）周期

周期表示声源振动一次经历的时间，记作 T，单位为秒（s）。其与频率的关系表示如下。

$$T = \frac{1}{f}$$

3）音调

音调表示声音的高低（高音、低音），由频率决定，频率越高，音调越高。人耳的听觉范围为 20～20000Hz。20Hz 以下为次声波，20000Hz 以上为超声波。

4）音色

音色又被称为音品，由声波的波形来决定。声音因物体材料特性的不同而不同，音色本身是一个抽象的东西，但波形将其直观地表现出来。波形不同，音色亦不同。不同的音色通过波形是完全可以分辨的。

5）响度

响度反映的是人主观上感受到的声音的大小，又被称为幅度或音量。由"振幅"和人与声源的距离决定。振幅越大，响度越大；人和声源的距离越小，响度越大。响度用分贝来表示，即对两个相同的物理量（如 $A1$ 和 $A0$）之比取以 10 为底的对数并乘以 10。

分贝记作 dB，它是无量纲的。在上述两个物理量中，$A0$ 是基准量，$A1$ 是被量度量。被量度量和基准量之比取对数，所得数值即被量度量的级，代表被量度量比基准量高出多少级。

1.4.2　数字声音

声音音频有模拟信号和数字信号两种形式。模拟信号指时间、幅度上都连续的信号；数字信号指时间、幅度上都离散的信号。把模拟信号转换成数字信号，被称为 A/D 转换，此时需要采样；相反，若要播放音频，则需把数字信号转换成模拟信号，这被称为 D/A 转换。

使用数字声音的目的是将声音数字化，便于计算机存储并处理。在人工智能数据标注过程中，使用的标注声音样本均为数字声音。数字声音是对模拟声音信号的数字化，一般使用固定的时间间隔。

以下因素会对语音标注产生影响。

1）采样频率

采样频率表示数字声音每秒采集声音的频率，用赫兹来表示。常见的采样场景包括广播的 22.05kHz、CD 的 44.1kHz 和 DVD 的 96kHz。

2）采样精度

采样精度表示使用多少位二进制数表示声音信号的强度。采样精度的常用范围为 8～32bit，而 CD 中一般使用 16bit。

3）声音通道

声音通道按照频率范围分为多个部分来单独处理，每个部分可以单独放大、单独压缩、单独降噪。通道越多，对声音处理得就越精细，听到的声音就越清晰。双声道声音的表示如图 1-10 所示。

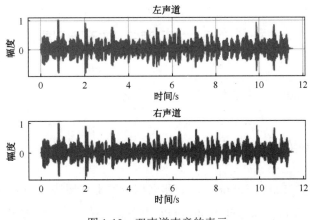

图 1-10　双声道声音的表示

4）噪声

声音在采集的过程中难免会受到周围环境的影响。从物理角度来看，噪声是无规则的机械波。在语音数据标注中，噪声可能会对标注结果产生影响。

1.4.3 音频格式

音频文件通常分为声音文件和 MIDI 文件两类。声音文件是通过声音输入设备录制的原始声音，直接记录了真实声音的二进制采样数据；MIDI 文件是一种音乐演奏指令序列，可使用声音输出设备或与计算机相连的电子乐器进行演奏。

常见的音频格式如下。

1）WAVE 格式

WAVE 格式是微软公司开发的一种声音文件格式，符合资源互换文件格式（Resource Interchange File Format，RIFF）的规范，用于存储 Windows 系统中的音频信息资源，被 Windows 系统及其应用程序所支持。该格式支持多种音频位数、采样频率和声道，是计算机中流行的音频格式。其文件尺寸比较大，多用于存储简短的声音片段。

2）MPEG 格式

活动图像专家组（Moving Picture Experts Group，MPEG）特指活动影音压缩标准。MPEG 格式的文件是 MPEG1 标准中的音频部分，又被称为 MPEG 音频层。它根据压缩质量和编码复杂程度被划分为 3 层，即 Layer1、Layer2、Layer3，且分别对应 MP1、MP2、MP3 这 3 种文件，并根据不同的用途，使用不同层次的编码。

MPEG 格式的音频编码层次越高，编码器越复杂，压缩率也越高。MP1 的压缩率为 4:1，MP2 的压缩率为 6:1～8:1，而 MP3 的压缩率则高达 10:1。例如，时长为一分钟的 CD 音质的音乐未经压缩需要 10MB 的存储空间，而经过 MP3 压缩后只需要 1MB 左右的存储空间。

1.5 标注环境安装和配置

本书选择 Label Studio 软件作为主要的标注系统。

1.5.1 MiniConda 的安装和配置

为了安装标注工具 Label Studio，需要建立相应的支持环境。因为 Label Studio 是基于 Python 的 Web 应用程序，所以选择 MiniConda 作为其支持环境，能够灵活应对版本变化和环境调试。

首先从 MiniConda 官方网站下载 MiniConda 安装包。

在列表中选择并下载支持 Python 3.7 版本的 MiniConda 安装包后，双击安装包启动安装。如果在安装过程中不进行特殊设定，则可以保持默认选项并单击"Next"按钮，如图 1-11（a）所示。在打开的"Advanced Installation Options"对话框（见图 1-11（b））中，可以勾选"Add Miniconda3 to my PATH envrionment variable"复选框，否则需要完成后面的环境变量配置。

如果没有在安装过程中选择注册环境变量，则需要将 MiniConda 路径配置到如下系统环境变量 PATH 中。

```
<MiniConda根目录>;
<MiniConda根目录>/scripts;
<MiniConda根目录>/Library/bin;
```

其中，<MiniConda 根目录>使用实际安装目录的物理路径进行替换。

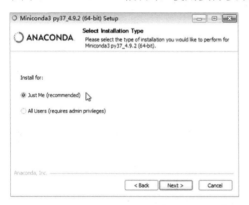

（a）单击"Next"按钮　　　　　　　　（b）"Advanced Installation Options"对话框

图 1-11　安装 MiniConda

1.5.2　Label Studio 的安装和配置

首先，从 Label Studio 官方网站获悉安装方法。

其次，打开"Anaconda Prompt（miniconda3）"命令提示符窗口，使用如下命令建立专属虚拟环境。

```
conda create --name ls python=3.7.9
```

ls 是专属虚拟环境名称。使用如下命令启用该环境。

```
conda activate ls
```

再次，在激活的虚拟环境中设置镜像源。使用如下命令，选择国内清华镜像源作为 pip 安装所使用的默认镜像源。

```
pip config set global.index-url https://pypi.tuna.tsinghua.edu.cn/simple
```

最后，使用如下命令安装 Label Studio 软件。

```
pip install label-studio
```

安装完成后，命令提示符窗口呈现的内容如图 1-12 所示。

图 1-12　安装完成后命令提示符窗口呈现的内容

1.5.3　Label Studio 的基本使用方法

1．启动

在启动 Label Studio 之前，需要为系统安装较新版本的 Web 浏览器，此处推荐 FireFox 等主流浏览器。

在"Anaconda Prompt（miniconda3）"命令提示符窗口中输入如下命令。

```
label-studio start
```

命令成功执行后，将打开注册页面，如图 1-13 所示。

图 1-13　注册页面

在"EMAIL"文本框中输入邮箱地址，在"PASSWORD"文本框中输入密码。单击"CREATE ACCOUNT"按钮进行账号注册。当注册完毕后，系统自动打开首页。

也可以使用如下命令进行注册。

```
label-studio start --username <username> --password <password>
```

其中，<username>和<password>为注册用户名和密码。

当成功启动系统后，如果以后再次启动系统，则会默认使用上次的用户名与密码进行登录。启动成功后，将默认在浏览器中打开系统首页，如图 1-14 所示。

图 1-14　系统首页

2．创建项目

创建项目有两种方式，分别是页面创建和命令创建。在系统首页单击"Create Project"按钮，将打开创建项目页面，如图 1-15 所示。

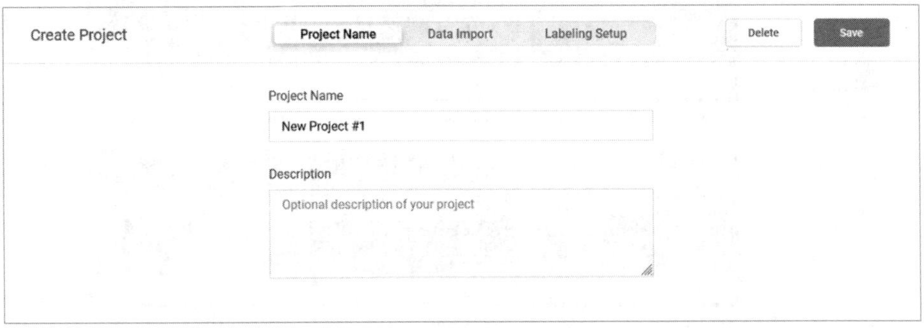

图 1-15　创建项目页面

该页面中有 3 个选项卡。系统默认打开"Project Name"选项卡，在该选项卡中可以填写项目名称（Project Name）和项目描述信息（Description）。

"Data Import"选项卡（见图 1-16）用于导入待标注的原始数据。

用户可以通过选项卡中的用户控件，采用 URL、上传本地文件等方式完成待标注的原始数据的导入。

"Labeling Setup"选项卡（见图 1-17）用于选择标注项目任务类型。

在完成信息填写、数据导入和任务选择后，单击"Save"按钮完成项目创建。

另外一种创建项目的方式是使用如下命令来完成的。

```
label-studio start FirstProject --init
```

其中，FirstProject 为待创建项目的名称。

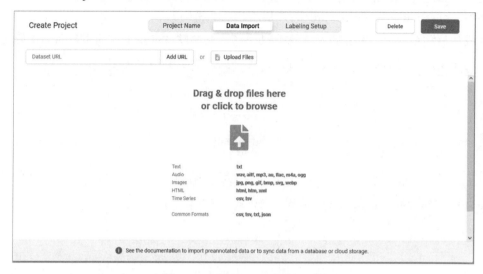

图 1-16 "Data Import" 选项卡

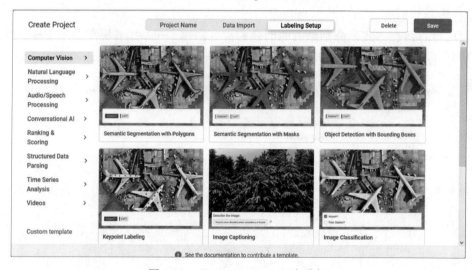

图 1-17 "Labeling Setup" 选项卡

项目创建成功后，可以在项目列表中查看项目卡片，如图 1-18 所示。

图 1-18 在项目列表中查看项目卡片

3. 邀请他人

如果需要其他用户参与协作，则可以采用如下方式邀请其他用户加入系统。

首先，在系统首页找到菜单按钮☰，如图 1-19 所示。

其次，单击菜单按钮☰，在弹出的下拉菜单中选择"Organization"选项，如图 1-20 所示。

图 1-19　找到菜单按钮

图 1-20　选择"Organization"选项

然后，打开人员管理页面，如图 1-21 所示。

图 1-21　人员管理页面

接着，单击"Add People"按钮，可以在打开的页面中获得邀请链接，如图 1-22 所示。

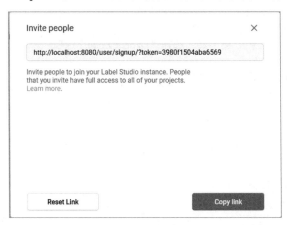

图 1-22　获得邀请链接

最后，单击"Copy link"按钮，复制邀请链接并发送给需要参与协作的用户。而后得到邀请链接的用户就可以访问该链接进行注册，并使用系统协作完成标注。

4. 删除项目

对于无用的项目，可以选择删除，具体操作如下。

首先，单击项目卡片中的更多按钮 ，如图 1-23 所示。

其次，在弹出的下拉菜单中选择"Settings"选项，如图 1-24 所示。

图 1-23　单击项目卡片中的更多按钮

图 1-24　选择"Settings"选项

然后，在打开的页面中选择"Danger Zone"选项，如图 1-25 所示。

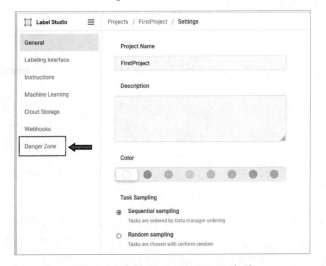

图 1-25　选择"Danger Zone"选项

最后，在页面中单击"Delete Project"按钮删除项目，如图 1-26 所示。

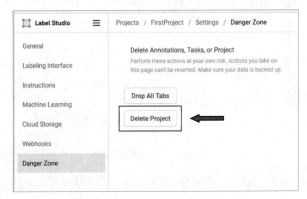

图 1-26　单击"Delete Project"按钮删除项目

1.6　数据标注项目和质量控制

1.6.1　标注项目需求

在项目初期，决定成败的关键点是项目需求。标注项目需求内容示例如表 1-4 所示。

表 1-4　标注项目需求内容示例

项目内容	说明
项目名称	中药材识别
项目周期	50 天
应用场景	AI 自动识别中药（略）
标注方式	使用 Label Studio 完成标注； 判断是否属于中药材，如果属于中药材则标注品种的名称
结果格式	JSON 格式： [　　　{id:1,file:'～/20123.jpg',category:'山药'}, 　　　{id:1,file:'～/20124.jpg',category:'山药'}]
样本规模	10000 张
验收标准	抽查数据合格率 95%； 抽查比例不低于 15%

1.6.2　团队组建

本书主要介绍标注项目实施团队人员组成，不讨论设计项目全流程的部门组织和人员结构。标注项目实施团队人员组成如表 1-5 所示。

表 1-5　标注项目实施团队人员组成

角色	分工
项目经理	项目负责人，负责整个项目的成败，具体包括安排、调整项目计划及其实施过程，并对人员进行统筹
技术支持人员	配置和支持软/硬件环境
质控员	维护并确认项目实施过程中文件和环节的审批流程
标注员	完成数据具体标注
测试员	抽检和验收已标注的数据

1.6.3 质量控制

质量控制贯穿于项目实施的全过程。质量控制的重点在于使用质量控制工具和方法，保证项目可以通过验收并交付。质量控制人员在项目实施过程中需要尝试找出偏差和问题，为后续项目纠偏和持续推进提供依据。

1. 实施过程质量控制

质量控制贯穿于项目实施的各个阶段。质量控制人员在项目实施过程中的相关工作如表 1-6 所示。

表 1-6　质量控制人员在项目实施过程中的相关工作

阶段	质量控制工作成果
启动	启动文档审核归档（生产和培训计划、规格说明书、流程控制、验收标注和人员资质等）
生产	生产文档审核归档（过程报告、计划调整、质检报告等）
验收	验收文档审核归档（验收质量报告等）
交付	交付文档审核归档（交付报告等）

验收质量报告将对项目是否返工产生决定性影响。人工智能标注项目的质量报告一般是由相关质检系统生成的，类似格式如表 1-7 所示。

表 1-7　人工智能标注项目的质量报告类似格式

项目名称	中药材识别		
客户名称	某中药切片制剂厂		
项目经理	张波	项目编号	2022-V-001
开始时间	2022-03-01	结束时间	2022-05-01
样本总量	1000	有效总量	688
备注	无		

质量报告抽检示例和验收示例分别如表 1-8 和表 1-9 所示。

表 1-8　质量报告抽检示例

抽检信息			
累计抽检次数	2	抽检总量	100
抽检员	刘鹏	抽检合格率	70%
抽检时间	2022-04-05	不合格数量	30
备注	无		

注：抽检细节一般通过项目平台系统进行标注，可以导出不合格样本的标注记录。

表 1-9　质量报告验收示例

验收信息			
验收总量	1000	验收不合格数量	10
验收员	耿韶光	验收合格率	99%
验收时间	2022-04-30		
备注	无		

注：验收细节一般通过项目平台系统进行标注，可以导出不合格样本的标注记录。

2. 抽样检查

由于逐一检查对成本和时间的耗费都很多，因此抽样检查成为一种十分常见的检查方式。抽样检查的样本、比例都有规定，并且在项目规划中会对与项目类型相关的典型、易出错检查点进行列举与汇总，用于在抽样检查时进行对照。

针对不同项目标注类型，常见的检测点如表 1-10～表 1-12 所示。

表 1-10　常见的视觉类标注任务质量检测点

项目类型	检测问题	说明
图像检测	目标框贴合	标框进入目标内部，没有紧贴边缘
	类别错误	例如，将自行车分类为电动自行车
	遗漏多标	未标或多标
	关联不一致	关联的标框不符合编码前缀一致的要求
图像分割	区域贴合	边际重叠、范围溢出不足等
	类别错误	图像分类类别错误
	遗漏多标	未标或多标
视频检测	关联不一致	在不同帧中，同一对象的编码不一致
关键点	顺序错误	关键点的顺序错误
	遗漏多标	例如，关键点缺少或多标

表 1-11　常见的文本类标注任务质量检测点

项目类型	检测问题	说明
翻译	不连贯或不准确	不通顺，或与原意不符
关系抽取	同名实体	例如，同名实体混淆造成实体歧义
实体识别	标注不全	例如，北京市动物园是单位名，进一步分为地点名（北京市）和单位名（动物园），出现地点名或单位名缺失的情况
词性标注	词性不准	副词和介词混淆
情感分析	词义程度不准	不能正确区分修饰程度的副词等
	方言词汇不准	不能把握方言的语境
	特殊词汇不准	不能准确把握拟声词等

表 1-12　常见的语音类标注任务质量检测点

项目类型	检测问题	说明
语音识别	分割出入	说话人语音分割过短或过长
	截取错误	截取过短或过长
	文本错误	识别的文本有出入，尤其是同音字
语音信号	地方口语不准	受到地方话音的影响

1.6.4　标注员职业素养

由于数据标注项目涉及的领域和方向非常多，如自动驾驶、智慧医疗和自动翻译等，因此在细分职业素养方面存在不同。统计现行各领域对标注员的共性职业素养要求，可以对标注员的基本职业素养与内涵进行总结，如表 1-13 所示。

表 1-13　标注员的基本职业素养与内涵

职业素养	内涵
学习能力	由于标注工作涉及领域知识，因此标注员需要具备不断学习多领域相关知识的能力
工作态度	由于标注工作的质量会影响人工智能应用的质量，因此标注员需要以细致与谨慎的工作态度对待此项工作
责任意识	由于标注工作是一项重复度高的工作，因此标注员需要耐心、专注并富有责任意识
沟通协调	标注员在进行工作交流时需要具备良好的沟通意识，并掌握相应的沟通技巧

1.7　动手实践

与另外一名同学组成两人小组，便于后续项目的协同配合和彼此的检测与评价。各组成员先独立完成标注环境安装和配置过程，再邀请组内另外一名成员加入平台。

实践过程中，Label Studio 形成的过程记录表如表 1-14 所示。

表 1-14　过程记录表

姓名		日期	
Python 版本		MiniConda 版本	
Label Studio 版本		虚拟环境名称	
启动虚拟环境并截屏			
启动、登录 Label Studio 并截屏			
邀请组内另外一名成员加入自己创建的 Label Studio 平台并截屏			

小　　结

本章主要介绍了 3 部分内容，包括各类数据标注项目的相关概念、标注工具的安装配置和标注项目的质量控制。通过本章内容，主要完成了以下教学目标。

知识目标：

（1）熟悉常见的数据标注任务。
（2）熟悉数据标注实体的相关概念和指标。
（3）熟悉数据标注质量控制的常见要求。
（4）了解标注员的相关职业素养。

能力目标：

（1）能够搭建数据标注环境。
（2）能够确定数据标注项目的目标。
（3）能够配合完成数据标注质量检测任务。
（4）能够组建团队，落实数据标注目标和相关计划。

思政目标：

（1）培养业精于勤、一丝不苟的工匠精神。
（2）强化严谨务实的工作态度。
（3）培养团结协作的团队精神。

课后习题

一、选择题

（1）常见的图像标注项目格式为（　　）。

    A．JPG　　　　　　B．BMP　　　　　　C．AVI　　　　　　D．PS

（2）推荐使用的非英文文本文件的编码格式为（　　）。

    A．UTF-8　　　　B．ASCII　　　　　C．GB2312　　　　D．LATIN

（3）CSV 文件中的记录默认以（　　）为分隔符。

　　A．逗号　　　　　B．分号　　　　　C．问号　　　　　D．叹号

（4）人工智能的三大基本要素包括（　　　）。

　　A．算力　　　　　B．算法　　　　　C．数据　　　　　D．数学

二、简答题

（1）列举 3 种常用的字符编码标准。

（2）列举 3 种文本文件的格式。

（3）描述数据标注项目质量控制的阶段及工作成果。

图像标注项目

2.1 图像标签分类标注任务

2.1.1 相关基础知识

图像标签分类是根据图像的语义信息将不同类别的图像区分开来，是计算机视觉中重要的基本问题，也是图像检测、图像分割、物体跟踪、行为分析等其他高层视觉任务的基础。其核心思想是从给定的分类集合中为图像分配一个标签。实际上，图像分类的任务是分析一个输入图像并返回一个将图像分类的标签。标签来自预定义的可能类别集。

2.1.2 典型应用场景

图像分类在很多领域有广泛应用，例如，安防领域的人脸识别和智能视频分析；交通领域的交通场景识别；互联网领域基于内容的图像检索和相册自动归类；医学领域的图像识别等。

中医药数据领域广泛应用深度学习等新技术开展研究工作。中药作为中医药的重要组成部分，有着悠久的历史，底蕴深厚。几千年来，中国人民在与疾病作斗争的过程中，通过实践不断提升认知，逐渐积累了丰富的中医药知识。由于太古时期文字未兴，因此这些知识只能依靠师承口授。后来有了文字，人们便逐渐将其记录下来，由此出现了医药书籍，起到了总结前人经验并便于流传和推广的作用。由于药材中草类占大多数，因此记载药材的书籍被称为本草。据考证，秦汉之际，本草流行已较多，不过可惜的是，这些本草中有很多都已亡佚，无从考察。现知最早的本草著作为《神农本草经》，著者不详。根据其中记载的地名判断，此著作可能是东汉医家修订前人著作而成。

人工智能技术的发展为中医诊断带来新的发展契机。随着中医传统诊断方法与技术现代化研究的不断深入，脉诊仪、舌诊仪、色诊仪、闻诊仪、经络仪等已成为新兴的现代中医诊断设备。人工智能具有独立自主的诊疗能力，通过大数据学习可以得到与中医专家问诊高度匹配的诊疗结果。以现代中医诊断技术及其数据为支撑，基于案例推理模型，利用人体信息采集设备，应用人工智能技术模拟中医诊断过程，中医专家可以获取诊疗所需知识、经验与方法，以此启发思维，更好地进行诊断，进而推动中医诊断技术实现信息化、数字化、标准化发展。

2.1.3 实践标注操作

本节将通过自行标注的方式制作图像标签分类数据集。

1）准备数据

准备 30 张动物图像用于标注，包括 10 张鸡的图像、10 张兔子的图像、10 张老鼠的图像，如图 2-1 所示。

图 2-1　30 张动物图像

2）创建项目

启动 Label Studio，在系统首页单击"Create Project"按钮，打开创建项目页面，将所创建的项目命名为"AnimalClassify"，并添加相应描述，如图 2-2 所示。

3）导入数据

选择"Data Import"选项卡，单击"Upload Files"按钮，选择准备好的数据，完成数据导入。"Data Import"选项卡在导入数据前与导入数据后分别如图 2-3 和图 2-4 所示。

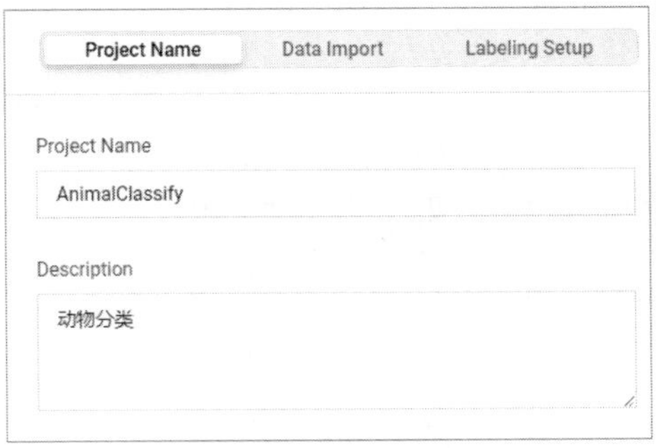

图 2-2　创建项目

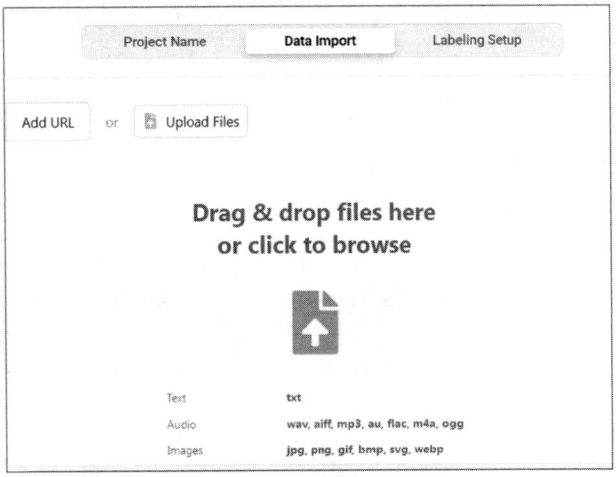

图 2-3　导入数据前

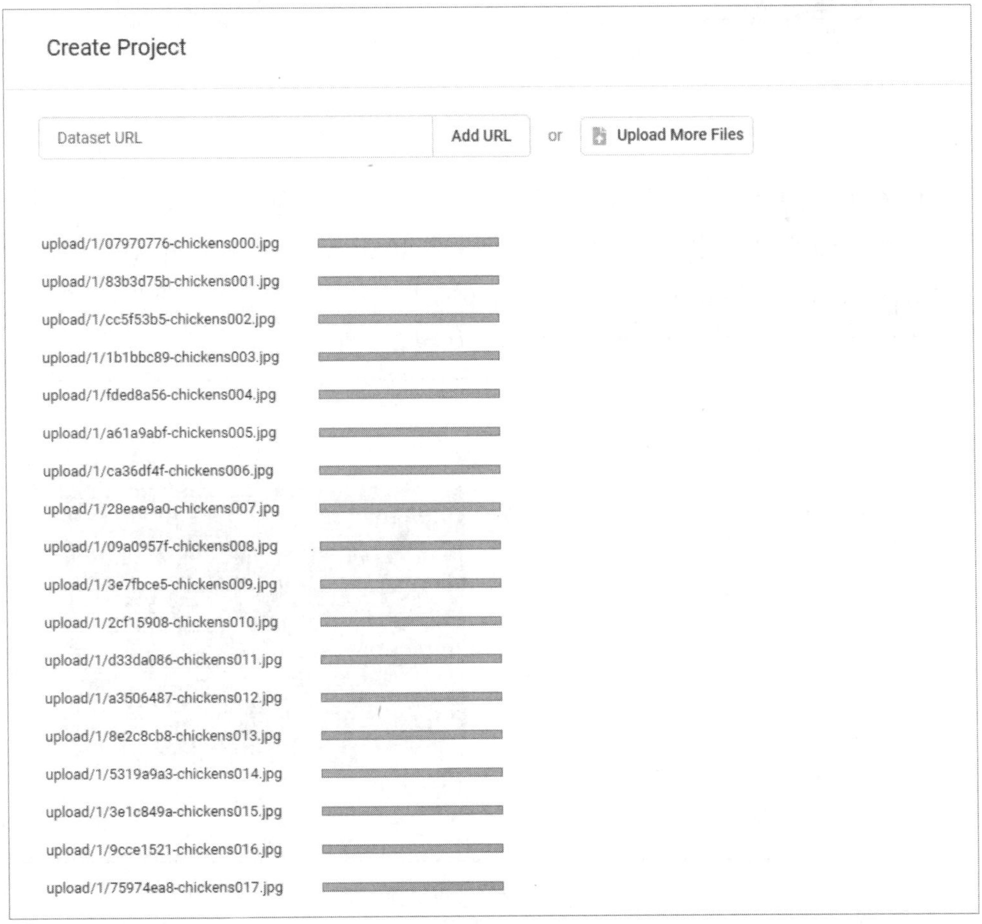

图 2-4　导入数据后

4）选择任务

导入数据后，选择"Labeling Setup"选项卡，如图 2-5 所示。左侧列表为任务列表，包括"Computer Vision""Natural Language Processing""Audio/Speech Processing"等。根据不同的任务选项，本次的图像标签分类标注任务选择第一项"Computer Vision"。之后页面右侧会出现8 个不同的任务选项，选择第六个任务"Image Classification"。

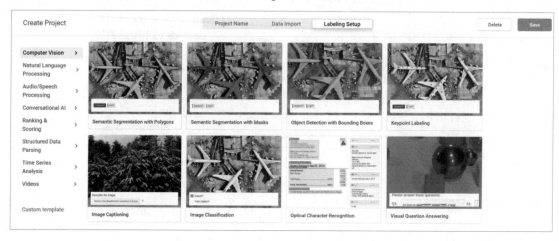

图 2-5　"Labeling Setup"选项卡

选择任务后，打开标签设置页面，如图 2-6 所示。在该页面的左侧设置图像中动物的标签。因为分别有 10 张鸡的图像、10 张兔子的图像及 10 张老鼠的图像，所以设置了 3 个英文标签，分别为"chicken""rabbit""rat"。设置完标签后，单击页面右上角的"Save"按钮，保存后的任务列表页面中展示了所有载入的图像，如图 2-7 所示。

图 2-6　标签设置页面

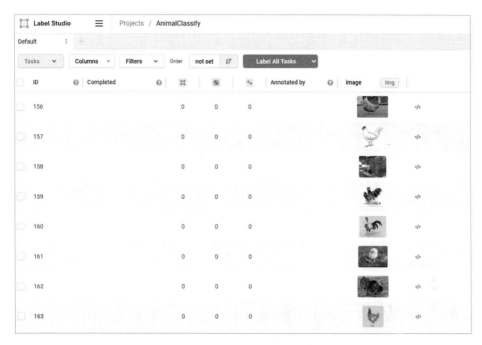

图 2-7　保存后的任务列表页面

5）开始标注

任意单击任务列表页面中的一张图像，可打开该图像标注页面，如图 2-8 所示。在此页面中可以根据该图像所属的标签类型勾选对应的标签复选框。因为该图像内容是一只鸡，所以勾选"chicken"复选框。之后，单击右上角的"Submit"按钮提交，此时按钮文字由"Submit"切换为"Update"。

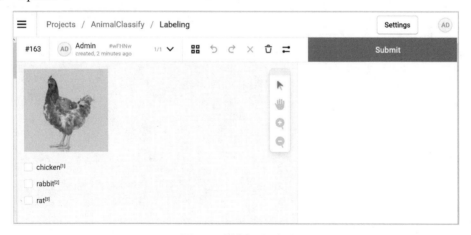

图 2-8　图像标注页面

当然，图像标注也可以不在此处进行。在图 2-7 所示的任务列表页面中，单击"Label All Tasks"按钮，也可打开图像标注页面，如图 2-9 所示。在该页面中同样可对图像进行标注。

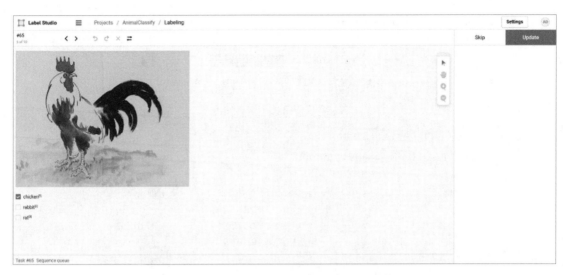

图 2-9　单击"Label All Tasks"按钮打开的图像标注页面

　　如果当前图像不属于 3 个标签中的任意一个类别或者该图像不能确认类别，则可单击页面右上角的"Skip"按钮，跳过该图像的标注。

　　对于已经标注了的图像，可在图像标注页面中通过单击上一帧按钮 $\boxed{<}$ 或下一帧按钮 $\boxed{>}$ 进行图像的切换。若想改变某张图像的标签，则可通过单击上一帧按钮 $\boxed{<}$ 或下一帧按钮 $\boxed{>}$ 切换到该图像。在更新完该图像的标注内容后，单击右上角的"Update"按钮即可。

　　所有图像标注完成后的页面如图 2-10 所示。

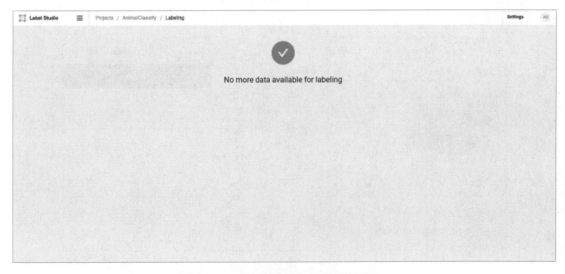

图 2-10　所有图像标注完成后的页面

　　返回任务列表页面，可查看图像的标注情况，如图 2-11 所示。其中，第一列表示图像 ID；第二列表示标注时间；第三列表示是否完成标注，"1"表示完成，"0"表示未完成；第四列表示是否跳过标注，"1"表示跳过，"0"表示未跳过。

图 2-11 查看图像标注情况

6）导出结果

如果想要导出最终的标注结果，则可单击任务列表页面右上角的"Export"按钮，打开文件导出页面，如图 2-12 所示。根据处理任务的不同，会显示不同的文件生成结果。由于本节任务是图像标签分类，因此可以生成 4 类文件。根据要导出到本地的文件类型，选中对应的单选按钮，之后单击右下角的"Export"按钮即可。

图 2-12 文件导出页面

7）展示结果

在将所需文件导出到本地后，可以对其进行查看。例如，导出 JSON 文件，相关命令如下（由于篇幅过大，因此只展示部分命令）。

```
[
  {
    "id": 90,
    "annotations": [
      {
        "id": 91,
        "completed_by": 1,
        "result": [
          {
            "value": { "choices": [ "rat" ] },
            "id": "IkO1NcTGG_",
            "from_name": "choice",
            "to_name": "image",
            "type": "choices",
            "origin": "manual"
          }
        ],
        "was_cancelled": false,
        "ground_truth": false,
        "created_at": "2022-05-19T11:08:02.299987Z",
        "updated_at": "2022-05-19T11:08:02.299987Z",
        "lead_time": 4.131,
        "prediction": {},
        "result_count": 0,
        "task": 90,
        "parent_prediction": null,
        "parent_annotation": null
      }
    ],
    "file_upload": "4f462178-rats049.jpg",
    "drafts": [],
    "predictions": [],
    "data": { "image": "\/data\/upload\/9\/4f462178-rats049.jpg" },
    "meta": {},
    "created_at": "2022-05-19T10:56:03.092880Z",
    "updated_at": "2022-05-19T11:08:02.349987Z",
    "project": 9
  },
```

```
{
  "id": 89,
  "annotations": [
    {
      "id": 90,
      "completed_by": 1,
      "result": [
        {
          "value": { "choices": [ "rat" ] },
          "id": "GezP6tECuc",
          "from_name": "choice",
          "to_name": "image",
          "type": "choices",
          "origin": "manual"
        }
      ],
      "was_cancelled": false,
      "ground_truth": false,
      "created_at": "2022-05-19T11:07:57.817980Z",
      "updated_at": "2022-05-19T11:07:57.817980Z",
      "lead_time": 2.128,
      "prediction": {},
      "result_count": 0,
      "task": 89,
      "parent_prediction": null,
      "parent_annotation": null
    }
  ],
  "file_upload": "7d9d2278-rats048.jpg",
  "drafts": [],
  "predictions": [],
  "data": { "image": "\/data\/upload\/9\/7d9d2278-rats048.jpg" },
  "meta": {},
  "created_at": "2022-05-19T10:56:03.092880Z",
  "updated_at": "2022-05-19T11:07:57.847980Z",
  "project": 9
},
…
  "file_upload": "ab51fbca-chickens007.jpg",
```

```
        "drafts": [],
        "predictions": [],
        "data": { "image": "\/data\/upload\/9\/ab51fbca-chickens007.jpg" },
        "meta": {},
        "created_at": "2022-05-19T10:56:03.092880Z",
        "updated_at": "2022-05-19T11:00:58.184831Z",
        "project": 9
    }
]
```

若所需文件为 CSV 文件，则将 CSV 文件导出，如图 2-13 所示。

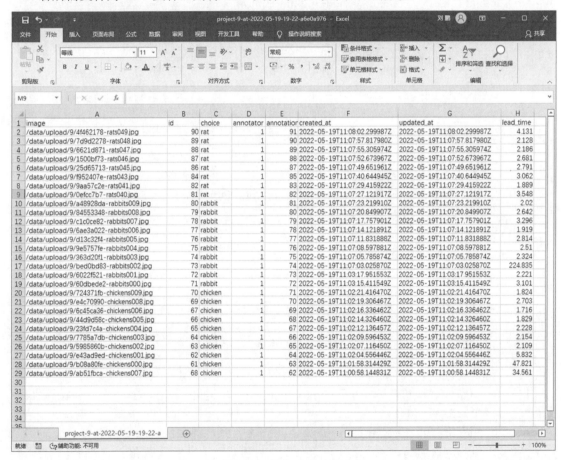

图 2-13　导出 CSV 文件

2.1.4　动手实践

采用小组的形式完成练习。每两个人组成一组，一名成员针对"2-1 图像标签分类素材"

文件夹中的图像，使用 Label Studio 进行图像标签分类任务的数据标注，并最终生成标注后的 CSV 文件。之后将自己标注完成的结果交给同组的另外一名成员验收，并填写验收信息表，如表 2-1 所示。

表 2-1　验收信息表

验收信息			
验收总量		验收不合格数量	
验收员		验收合格率	
验收时间			
备注			

2.2　图像目标检测标注任务

2.2.1　目标检测标注

1．相关基础知识

目标检测，又被称为目标提取，是一项基于目标几何和统计特征的图像分割任务。它将目标的分割和识别合二为一，其准确性和实时性是整项任务的重要指标。目标检测是图像标签分类的进阶版本，图像标签分类只需要辨别图像中物体的类别，而目标检测还需要得到目标的详细坐标信息。

在目标检测任务中，需要先输入一张图像，然后从整张图像中辨别出需要识别的目标，确定目标的类别，最后利用外接矩形框标注出目标的位置。

2．典型应用场景

随着计算机技术的发展和计算机视觉原理的广泛应用，利用计算机图像处理技术对目标进行实时跟踪的研究越来越热门。对目标进行动态、实时跟踪与定位在智能交通系统、工业检测、智能监控系统、军事目标检测，以及医学导航手术中的手术器械定位等方面具有广泛的应用，并且应用价值非常高。

在智能交通系统中，目标检测主要应用于如下场景。

（1）交通流量与红绿灯控制。通过视觉算法，对道路卡口相机和电警相机采集的视频图像进行分析，并根据相应路段的车流量，调整红绿灯配时策略，提升道路通行能力。

（2）交通情况检测。通过视觉算法，检测各种交通事件，包括非机动车驶入机动车道、车辆占用应急车道等。另外，还可以监控危险品运输车辆驾驶员的驾驶行为及交通事故等，第一时间将异常情况上报给交通管理部门。

（3）交通违法事件检测和追踪。通过视觉算法，检测套牌车辆与收费站逃费现象，跟踪肇事车辆，对可疑车辆进行全程轨迹追踪，极大地提升交通管理部门的监管能力。

（4）自动驾驶。自动驾驶是一个多种前沿技术高度交叉的研究方向。视觉算法在自动驾驶中的应用主要包含对道路、车辆及行人的检测，对交通标志物及路旁物体的检测等。主流的人工智能公司投入了大量的资源进行自动驾驶技术与系统等的研发，目前已经初步实现了受限路况或相关条件下的自动驾驶，但是，距离不受路况、天气等因素影响的自动驾驶的实现尚有相当长的一段距离。

工业检测是计算机视觉的另一个重要应用领域，在各个行业均有极为广泛的应用。在产品的生产过程中，受到原材料、制造业工艺、环境等因素的影响，产品可能会出现各种问题。其中相当一部分是外观缺陷，即人眼可识别的缺陷。在传统生产流程中，外观缺陷大多采用人工检测的方式来识别，不仅消耗大量人力，还无法保证检测效果。工业检测就是利用计算机视觉技术中的目标检测算法，将产品在生产过程中出现的裂纹、形变、部件丢失等外观缺陷检测出来，达到提升产品质量稳定性、提高生产效率的目的。昇腾计算产业是以昇腾 AI 基础软/硬件平台为基础构建的人工智能计算产业，昇腾 AI 基础软/硬件平台包括 Atlas 系列硬件及伙伴硬件、异构计算架构（Compute Architecture for Neural Networks，CANN）、全场景 AI 框架昇思 MindSpore、昇腾应用使能 MindX 等。作为昇腾 AI 的核心，CANN 兼容多种底层硬件设备，可以提供强大的异构计算能力，并且通过多层次编程接口，支持用户快速构建 AI 应用和业务，能够很好地完成工业检测任务。

3. 实践标注操作

本节将通过自行标注的方式制作图像目标检测数据集。

1）准备数据

准备 4 张汽车图像用于标注，图像中有的只有一辆汽车，有的有多辆汽车，如图 2-14 所示。

图 2-14　4 张汽车图像

2）创建项目

启动 Label Studio，在系统首页单击"Create Project"按钮，打开创建项目页面，将所创建的项目命名为"CarDetection"，并添加相应描述，如图 2-15 所示。

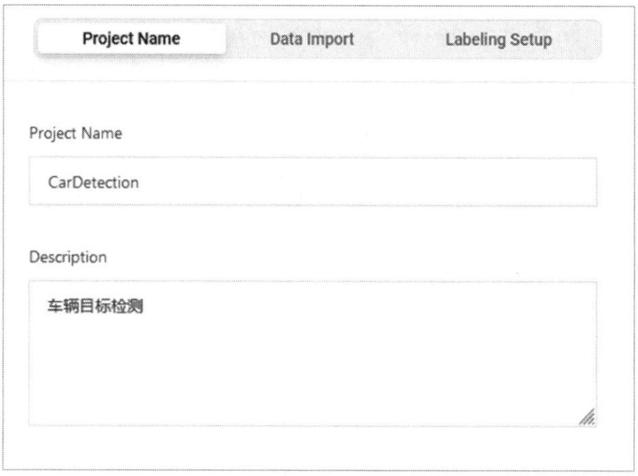

图 2-15　创建项目

3）导入数据

选择"Data Import"选项卡，单击"Upload Files"按钮，选择准备好的数据，完成数据导入。"Data Import"选项卡在导入数据前与导入数据后分别如图 2-16 和图 2-17 所示。

4）选择任务

导入数据后，选择"Labeling Setup"选项卡，如图 2-18 所示。左侧列表为任务列表，包括"Computer Vision""Natural Language Processing"等。根据不同的任务选项，本次的图像目标检测任务选择第一项"Computer Vision"。之后页面右侧会出现 8 个不同的任务选项，选择第三个任务"Object Detection with Bounding Boxes"。

图 2-16　导入数据前

图 2-17　导入数据后

图 2-18　"Labeling Setup"选项卡

　　选择任务后，打开标签设置页面，如图 2-19 所示。在该页面的左侧设置图像中目标检测的标签。因为只检测图像中的汽车，所以只设置了一个英文标签"Car"。设置完标签后，单击页面右上角的"Save"按钮，保存后的任务列表页面中展示了所有载入的图像，如图 2-20 所示。

　　5）开始标注

　　单击任务列表页面中的第一张图像，可打开该图像的标注页面，如图 2-21 所示。在此页面中先选中"Car"标签，之后单击图像上汽车所在位置，不释放鼠标左键并拖动，此时会出现一个矩形框，如图 2-22 所示。如果矩形框的大小和汽车的大小不匹配，则单击该矩形框，使其变为可变大小并且可移动的状态，如图 2-23 所示。通过拖动或者改变矩形框的大小，可以使该矩形框完全框住汽车，之后单击右上角的"Submit"按钮即可。

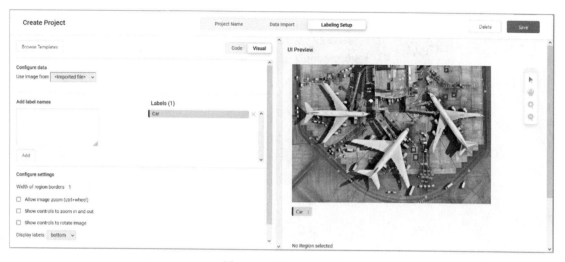

图 2-19　标签设置页面

图 2-20　保存后的任务列表页面

图 2-21　图像标注页面

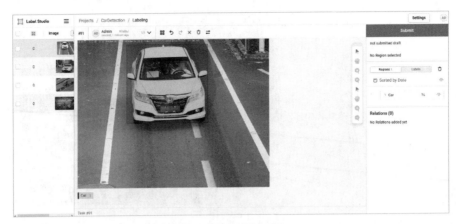

图 2-22　创建矩形框

图 2-23　将矩形框变为可变大小及可移动的状态

当然，图像标注也可以不在此处进行。在图 2-20 所示的任务列表页面中，单击"Label All Tasks"按钮，可打开图像标注页面，如图 2-24 所示。在该页面中同样可对图像进行标注。标注完成后，单击右上角的"Submit"按钮即可打开下一张图像的标注页面。如果当前图像中没有汽车，则可单击页面右上角的"Skip"按钮，跳过该图像的标注。

图 2-24　单击"Label All Tasks"按钮打开的图像标注页面

对于已经标注了的图像，可通过单击上一帧按钮 $\boxed{<}$ 或下一帧按钮 $\boxed{>}$ 进行图像的切换。若想改变某张图像的标注内容，则可通过单击上一帧按钮 $\boxed{<}$ 或下一帧按钮 $\boxed{>}$ 切换到该图像，在更新完该图像的标注内容后，单击右上角的"Update"按钮即可。

当图像中出现多个目标时，使用多个矩形框逐个将其标注即可，如图 2-25 所示。

图 2-25　多目标标注

所有图像标注完成后的页面如图 2-26 所示。

图 2-26　所有图像标注完成后的页面

返回任务列表页面，可查看图像的标注情况，如图 2-27 所示。其中，第一列表示图像 ID；第二列表示标注时间；第三列表示是否完成标注，"1"表示完成，"0"表示未完成；第四列表示是否跳过标注，"1"表示跳过，"0"表示未跳过。

6）导出结果

如果想要导出最终的标注结果，则可单击任务列表页面右上角的"Export"按钮，打开文件导出页面，如图 2-28 所示。根据处理任务的不同，会显示不同文件的生成结果。由于本节任务是图像目标检测，因此可以生成 7 类文件。根据要导出到本地的文件类型，选中对应的单选按钮，之后单击右下角的"Export"按钮即可。当然，也可以将这 7 类文件全部导出。

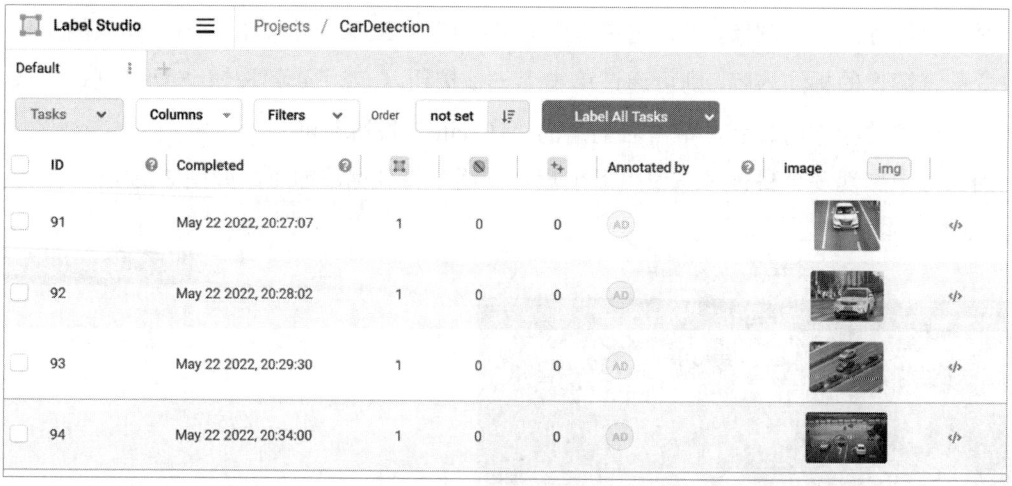

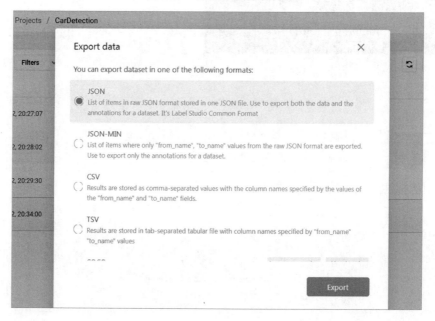

图 2-27　查看图像标注情况

图 2-28　文件导出页面

7）展示结果

在将所需文件导出到本地后，可以对其进行查看。此处导出的是 JSON 文件，相关命令如下（由于篇幅过大，因此只展示部分命令；另外，对于目标检测任务，还可以生成 COCO 文件、Pascal VOC XML 文件及 YOLO 文件）。

```
[
  {
    "id": 94,
    "annotations": [
```

```json
{
  "id": 95,
  "completed_by": 1,
  "result": [
    {
      "original_width": 1080,
      "original_height": 659,
      "image_rotation": 0,
      "value": {
        "x": 17.33333333333333,
        "y": 53.27510917030566,
        "width": 13.333333333333336,
        "height": 21.179039301310013,
        "rotation": 0,
        "rectanglelabels": [ "Car" ]
      },
      "id": "Yq-t9cB1EO",
      "from_name": "label",
      "to_name": "image",
      "type": "rectanglelabels",
      "origin": "manual"
    },
    {
      "original_width": 1080,
      "original_height": 659,
      "image_rotation": 0,
      "value": {
        "x": 39.86666666666665,
        "y": 46.72489082969432,
        "width": 8.266666666666678,
        "height": 16.59388646288213,
        "rotation": 0,
        "rectanglelabels": [ "Car" ]
      },
      "id": "4-XVfaokAB",
      "from_name": "label",
      "to_name": "image",
      "type": "rectanglelabels",
      "origin": "manual"
```

```
            },
            {
              "original_width": 1080,
              "original_height": 659,
              "image_rotation": 0,
              "value": {
                "x": 61.46666666666664,
                "y": 62.00873362445412,
                "width": 12.799999999999963,
                "height": 20.7423580786026,
                "rotation": 0,
                "rectanglelabels": [ "Car" ]
              },
              "id": "tJjpsZm4R3",
              "from_name": "label",
              "to_name": "image",
              "type": "rectanglelabels",
              "origin": "manual"
            },
            {
              "original_width": 1080,
              "original_height": 659,
              "image_rotation": 0,
              "value": {
                "x": 52.26666666666664,
                "y": 21.397379912663755,
                "width": 6.533333333333327,
                "height": 5.24017467248909,
                "rotation": 0,
                "rectanglelabels": [ "Car" ]
              },
              "id": "uNNYInwudS",
              "from_name": "label",
              "to_name": "image",
              "type": "rectanglelabels",
              "origin": "manual"
            }
          ],
          "was_cancelled": false,
```

```
        "ground_truth": false,
        "created_at": "2022-05-22T12:34:00.522311Z",
        "updated_at": "2022-05-22T12:34:00.522311Z",
        "lead_time": 270.165,
        "prediction": {},
        "result_count": 0,
        "task": 94,
        "parent_prediction": null,
        "parent_annotation": null
      }
    ],
    "file_upload": "4926821b-car4.jpeg",
    "drafts": [],
    "predictions": [],
    "data": { "image": "\/data\/upload\/10\/4926821b-car4.jpeg" },
    "meta": {},
    "created_at": "2022-05-22T11:23:46.549674Z",
    "updated_at": "2022-05-22T12:34:00.562311Z",
    "project": 10
  },
  {
…
    "file_upload": "832c9949-car1.jpeg",
    "drafts": [],
    "predictions": [],
    "data": { "image": "\/data\/upload\/10\/832c9949-car1.jpeg" },
    "meta": {},
    "created_at": "2022-05-22T11:23:46.549674Z",
    "updated_at": "2022-05-22T12:27:07.646509Z",
    "project": 10
  }
]
```

4. 动手实践

采用小组的形式完成练习。每两个人组成一组，一名成员针对"2-2-1目标检测素材"文件夹中的图像，使用 Label Studio 进行目标检测任务的数据标注，并最终生成标注后的 JSON 文件。之后将自己标注完成的结果交给同组的另外一名成员验收，并填写验收信息表，如表 2-2 所示。

表 2-2　验收信息表

验收信息			
验收总量		验收不合格数量	
验收员		验收合格率	
验收时间			
备注			

2.2.2　小目标检测标注

1. 相关基础知识

根据前文内容可知，目标检测是一项基于目标几何和统计特征的图像分割任务。而小目标检测则是对图像中的小目标物体进行检测。对于不同场景，定义小目标的标准不尽相同。学术上定义小目标的标准主要分为两类。

1）相对尺寸

以目标与图像的相对尺寸为视角，Chen 等人对小目标进行了定义：同一类别中，所有目标实例的相对面积，即它的边界框面积与图像面积之比的中位数为 0.08%～0.58%。除此之外，较为常见的定义还有目标边界框的宽/高与图像的宽/高之比分别小于一定值，较为常用的比值为 0.1；目标边界框面积与图像面积之比小于一定值，较为常用的比值为 0.03。

相对尺度的定义存在一定的问题，即难以有效评估模型对不同尺寸目标的检测性能，同时容易受到数据预处理与模型的影响。

2）绝对尺寸

以目标绝对分辨率为视角，目前通用的标准来自 MS COCO 数据集，将分辨率小于 32 像素×32 像素的目标定义为小目标。对于为什么确定为 32 像素×32 像素，提出了以下两种思路。

（1）人眼能有效识别的彩色图像最小分辨率为 32 像素×32 像素，如果图像分辨率小于 32 像素×32 像素，则人眼无法识别。

（2）VGG 网络从输入图像到全连接层的特征向量经过了 5 个最大池化层，因此选定输入图像分辨率为 32 像素×32 像素。

对于小目标检测，有很多的解决方案，下面对部分方案进行介绍。

1）数据增强

数据增强是一种可以提升小目标检测性能的简单而又有效的方法，主要通过扩充小目标样本的规模，或者增强模型的鲁棒性和泛化能力来实现。

2）多尺度检测

小目标与常规的目标相比可利用的像素少，难以提取比较好的特征。随着网络深度的增加，小目标的特征信息和位置信息逐渐丢失，难以被网络检测到。这些特性使得小目标检测同时需要深层语义信息与浅层表征信息，而多尺度学习对它们进行结合，是一种提升小目标检测性能的有效策略。

3）上下文学习

在真实世界中，目标与场景之间，以及目标与目标之间存在共存关系，利用这种上下文关系可以提升小目标的检测性能。

（1）基于隐式上下文特征学习的目标检测。隐式上下文特征是指目标区域周围的背景特征或者全局的场景特征。

（2）基于显式上下文特征学习的目标检测。显式上下文特征学习是指利用场景中明确的上下文关系来辅助推断目标的位置或类别。例如，利用场景中草地区域与目标的上下文关系来推断目标的类别。

基于上下文学习的检测方法充分利用了图像中与目标相关的信息，能够有效提升小目标检测的性能。但是，已有方法没有考虑场景中的上下文关系可能匮乏的问题，同时没有针对性地利用场景中易于检测的结果来辅助小目标检测。

4）对抗网络

生成对抗网络的方法旨在通过将低分辨率小目标的特征映射为与高分辨率目标等价的特征，实现与尺寸较大目标同等的检测性能。可以通过生成对抗网络提高小目标的分辨率，缩小目标之间的尺度差异，增强小目标的特征表达，从而优化小目标的检测效果；也可以使用卷积神经网络（GNN）生成图像，进行数据增强。

2．小目标检测面临的挑战

1）可利用特征少

小目标的分辨率较低，可视化信息少，难以提取具有鉴别力的特征，且极易被环境因素干扰。

2）定位精度要求高

小目标在图像中覆盖的面积小，在检测过程中，检测边界框只偏移一个像素点都会造成很大的误差。

3）现有数据集中小目标占比少

现有的数据集大多针对大尺寸目标，小目标较少。MS COCO 中虽然小目标占比较大，但分布不均匀。另外，小目标难以标注，一方面是因为小目标在图像中不易被关注；另一方面则是因为小目标对标注误差非常敏感。

4）样本不均衡

为了定位目标，现有的方法大多是预先在图像的各个位置生成一系列的锚点（Anchor），在训练的过程中，通过设定固定的阈值来判断 Anchor 是否属于正样本。当人工设定的 Anchor 与小目标的真实边界差异较大时，小目标的训练正样本将远远小于大目标的正样本，导致模型忽略对小目标的检测。

5）小目标聚集

相对大目标而言，小目标容易出现聚集现象。当出现小目标聚集现象时，聚集区域相邻的小目标无法被检测出来。当同类小目标聚集时，还可能由于后处理的非极大值抑制（NMS）将大量正确检测的边界框过滤而导致边界框被漏检。

6）网络结构因素

现有的算法在设计时更关注大目标的检测效果，针对小目标的优化较少，同时很多算法基于 Anchor 而设计，对小目标检测不友好。在训练的过程中，由于小目标训练样本少，因此网络对小目标的学习能力被减弱。

3．典型应用场景

小目标检测主要应用于小目标的检测场景。下面将简单介绍两个具体的应用场景。

1）乐谱识别

DeepScores 是现阶段乐谱识别比较健全的一类数据集，其包含高质量的乐谱图像，如图 2-29 所示。DeepScores 中有 3000000 张书面乐谱，其中包含不同形状和大小的音乐符号。该数据集拥有近一亿个小对象，这使得该数据集不仅独一无二，而且是目前最大的公共数据集。小目标检测在此类数据集的乐谱识别中表现出很好的适用性。

2）卫星图检测

卫星图检测主要是检测利用卫星拍摄的图像（见图 2-30）中的小目标物体。NWPU VHR-10 Dataset 是一个用于空间物体检测的 10 级地理遥感数据集，其拥有 650 张包含目标的图像和 150 张背景图像，包括飞机、舰船、油罐、棒球场、网球场、篮球场、田径场、港口、桥梁和汽车共计 10 个类别的小目标。

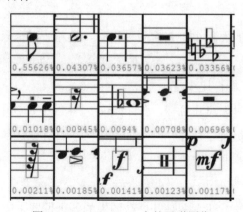

图 2-29　DeepScores 中的乐谱图像

图 2-30　卫星拍摄的图像

4. 实践标注操作

根据前文可知，小目标检测有很多解决方案。由于本书主要介绍数据标注的相关内容，并且上述解决方案也有两项与数据有关，一是数据增强，此处将实现将图像中的小目标车牌复制、粘贴到图像的任意位置并进行标注；二是上下文学习，此处检测的目标是车牌，而车牌几乎会出现在每一辆汽车上。因此本节实践操作会将车牌与汽车一起标注。下面将对这两种形式的标注过程进行详细介绍。

1）数据增强式小目标检测标注

（1）准备数据。

准备两张含有车牌的图像进行小目标检测，如图 2-31 所示。由于首先要进行小目标数据增强，因此对图像中的车牌进行复制，并粘贴到图像中的任意位置，如图 2-32 所示。

图 2-31　两张含有车牌的图像

图 2-32　将车牌复制并粘贴到任意位置

（2）创建项目。

启动 Label Studio，在系统首页单击"Create Project"按钮，打开创建项目页面，将所创建的项目命名为"LittleLicense"，并添加相应描述，如图 2-33 所示。

图 2-33　创建项目

（3）导入数据。

选择"Data Import"选项卡，单击"Upload Files"按钮，选择准备好的数据，完成数据导入。"Data Import"选项卡在导入数据前与导入数据后分别如图 2-34 和图 2-35 所示。

（4）选择任务。

导入数据后，选择"Labeling Setup"选项卡，如图 2-36 所示。左侧列表为任务列表，包括"Computer Vision""Natural Language Processing"等，选择第一项"Computer Vision"。在页面右侧选择第三个任务"Object Detection with Bounding Boxes"。

图 2-34　导入数据前

图 2-35　导入数据后

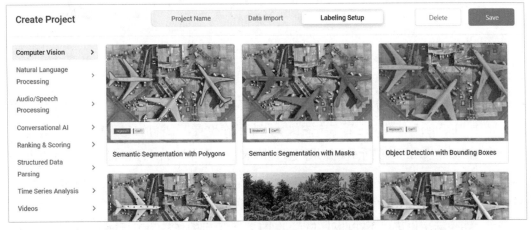

图 2-36　"Labeling Setup"选项卡

选择任务后，打开标签设置页面，如图 2-37 所示。在该页面的左侧设置图像中目标检测的标签。因为只检测图像中的汽车车牌，所以只设置了一个英文标签"license"。设置完标签后，单击页面右上角的"Save"按钮，保存后的任务列表页面中展示了所有载入的图像，如图 2-38 所示。

图 2-37　标签设置页面

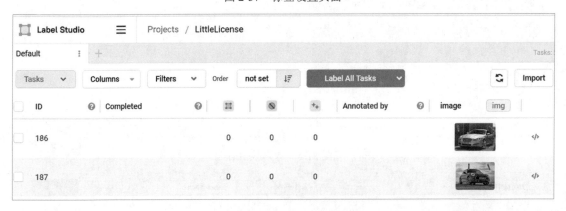

图 2-38　保存后的任务列表页面

（5）开始标注。

单击任务列表页面中的第一张图像，可打开该图像的标注页面，如图 2-39 所示。在此页面中先选中"license"标签，之后单击图像上汽车所在位置，不释放鼠标左键并拖动，此时会出现一个矩形框，如图 2-40 所示。如果矩形框的大小和汽车的大小不匹配，则单击该矩形框，使其变为可变大小并且可移动的状态。通过拖动或者改变矩形框的大小，可以使该矩形框完全框住汽车，之后单击右上角的"Submit"按钮即可。

当然，图像标注也可以不在此处进行。在图 2-38 所示的任务列表页面中，单击"Label All

Tasks"按钮，可打开图像标注页面，如图 2-41 所示。在该页面中同样可对图像进行标注。标注完成后，单击右上角的"Submit"按钮，即可打开下一张图像的标注页面。如果当前图像中没有车牌，则可单击页面右上角的"Skip"按钮，跳过该图像的标注。

对于已经标注了的图像，可通过单击上一帧按钮 ＜ 或下一帧按钮 ＞ 进行图像的切换。若想改变某张图像的标注内容，则可单击上一帧按钮 ＜ 或下一帧按钮 ＞ 切换到该图像。在更新完该图像的标注内容后，单击右上角的"Update"按钮即可。

所有图像标注完成后的页面如图 2-42 所示。

图 2-39 图像标注页面

图 2-40 创建矩形框

图 2-41 单击"Label All Tasks"按钮打开的图像标注页面

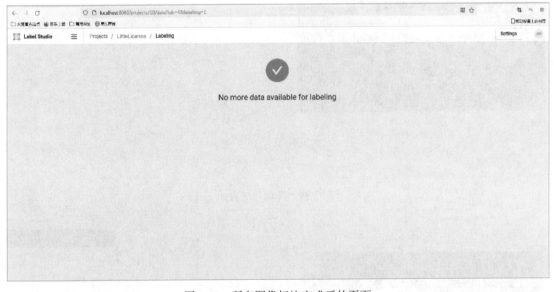

图 2-42 所有图像标注完成后的页面

返回任务列表页面，可查看图像的标注情况，如图 2-43 所示。其中，第一列表示图像 ID；第二列表示标注时间；第三列表示是否完成标注，"1"表示完成，"0"表示未完成；第四列表示是否跳过标注，"1"表示跳过，"0"表示未跳过。

（6）导出结果。

如果想要导出最终的标注结果，则可单击任务列表页面右上角的"Export"按钮，打开文件导出页面，如图 2-44 所示。根据处理任务的不同，会显示不同文件的生成结果。由于本节任务是图像小目标检测，因此可以生成 7 类文件。根据要导出到本地的文件类型，选中对应的单选按钮，之后单击右下角的"Export"按钮即可。当然，也可以将这 7 类文件全部导出。

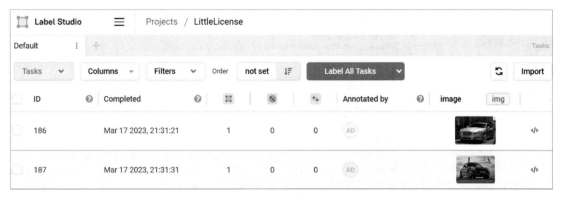

图 2-43　查看图像标注情况

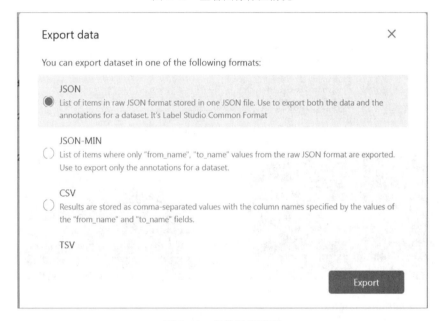

图 2-44　文件导出页面

（7）展示结果。

在将所需文件导出到本地后，可以对其进行查看。以 Pascal VOC XML 文件为例，此文件会生成一个压缩包，压缩包中包含两个文件夹，分别为 annotations 文件夹和 images 文件夹。其中，images 文件夹中包含所有图像，annotations 文件夹中包含对每张图像记录的标注信息，为 XML 文件。某张图像的标注信息如图 2-45 所示。

2）上下文学习式小目标检测标注

（1）准备数据。

准备两张含有车牌的图像进行小目标检测，如图 2-46 所示。由于需要通过上下文学习的形式对目标进行训练，因此标注时不仅标注车牌，还会标注车牌的载体——汽车。

```
<?xml version="1.0" encoding="utf-8"?>
<annotation>
<folder>images</folder>
<filename>e0ce5cc1-car6</filename>
<source>
<database>MyDatabase</database>
<annotation>COCO2017</annotation>
<image>flickr</image>
<flickrid>NULL</flickrid>
<annotator>1</annotator>
</source>
<owner>
<flickrid>NULL</flickrid>
<name>Label Studio</name>
</owner>
<size>
<width>640</width>
<height>427</height>
<depth>3</depth>
</size>
<segmented>0</segmented>
<object>
<name>license</name>
<pose>Unspecified</pose>
<truncated>0</truncated>
<difficult>0</difficult>
<bndbox>
<xmin>125</xmin>
<ymin>286</ymin>
<xmax>244</xmax>
<ymax>322</ymax>
```

图 2-45　某张图像的标注信息

图 2-46　两张含有车牌的图像

（2）创建项目。

启动 Label Studio，在系统首页单击"Create Project"按钮，打开创建项目页面，将所创建的项目命名为"LittleLicenseWithCar"，并添加相应描述，如图 2-47 所示。

（3）导入数据。

选择"Data Import"选项卡，单击"Upload Files"按钮，选择准备好的数据，完成数据导入。"Data Import"选项卡在导入数据前与导入数据后分别如图 2-48 和图 2-49 所示。

（4）选择任务。

导入数据后，选择"Labeling Setup"选项卡，如图 2-50 所示。先在左侧列表中选择第一项"Computer Vision"，之后页面右侧会出现 8 个不同的任务选项。由于本节要完成的是小目标检测任务，因此选择第三个任务"Object Detection with Bounding Boxes"。

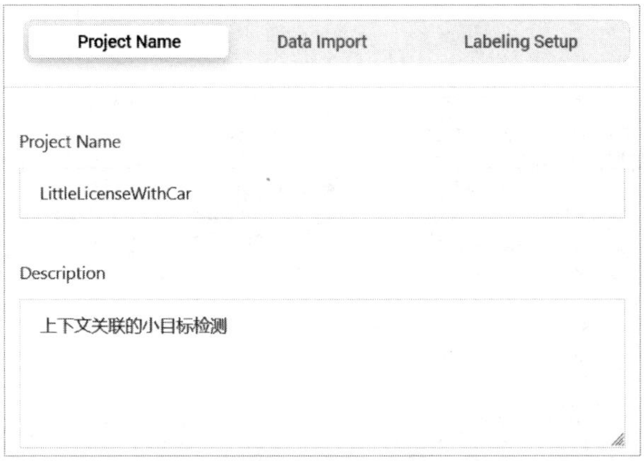

图 2-47　创建项目

图 2-48　导入数据前

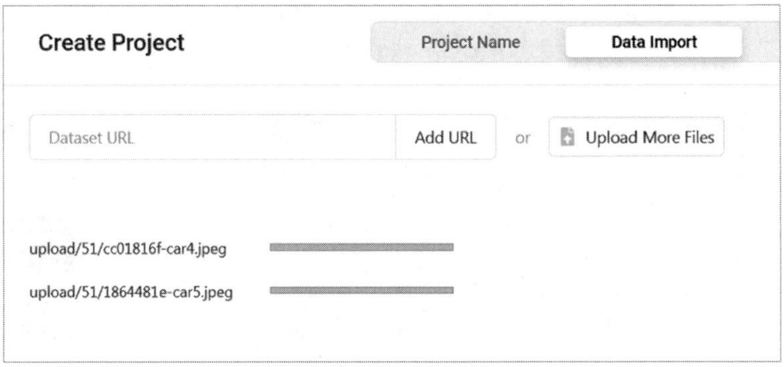

图 2-49　导入数据后

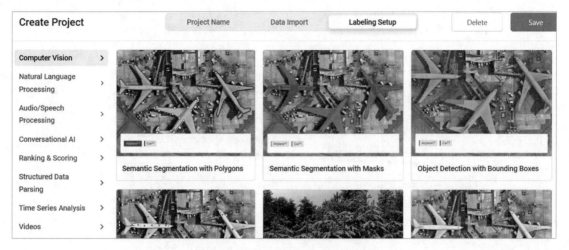

图 2-50　"Labeling Setup"选项卡

选择任务后，打开标签设置页面，如图 2-51 所示。在该页面的左侧设置图像中目标检测的标签。因为需要检测图像中的车牌和汽车，故设置了两个英文标签，分别为"license"和"car"。设置完标签后，单击页面右上角的"Save"按钮，保存后的任务列表页面中展示了所有载入的图像，如图 2-52 所示。

图 2-51　标签设置页面

Tasks ▾	Columns ▾	Filters ▾	Order	not set ↓F	Label All Tasks ▾		↻	Import	Export
☐ ID ❓	Completed ❓	⊡	◯	+□	Annotated by ❓	image	img		
☐ 188		0	0	0					</>
☐ 189		0	0	0					</>

图 2-52　保存后的任务列表页面

（5）开始标注。

单击任务列表页面中的第一张图像，可打开该图像的标注页面，如图 2-53 所示。在此页面中先选中"car"标签，之后单击图像上汽车所在位置，不释放鼠标左键并拖动，此时会出现一个矩形框，如图 2-54 所示。如果矩形框的大小和汽车的大小不匹配，则单击该矩形框，使其变为可变大小并且可移动的状态。通过拖动或者改变矩形框大小，可以使该矩形框完全框住汽车。使用同样的方法，在选中"license"标签后对车牌进行标注。标注完成后单击右上角的"Submit"按钮即可。

图 2-53　图像标注页面

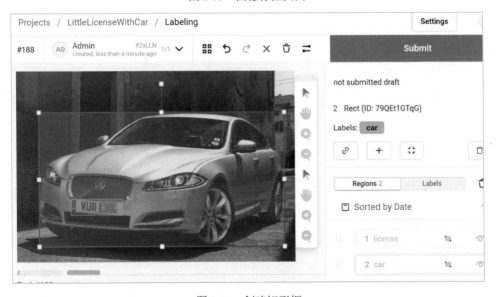

图 2-54　创建矩形框

当然，图像标注也可以不在此处进行。在图 2-52 所示的任务列表页面中，单击"Label All Tasks"按钮，可打开图像标注页面，如图 2-55 所示。在该页面中同样可对图像进行标注。标注完成后，单击右上角的"Submit"按钮即可打开下一张图像的标注页面。

对于已经标注了的图像，可通过单击上一帧按钮 ⟨ 或下一帧按钮 ⟩ 进行图像的切换。若想改变某张图像的标注内容，则可单击上一帧按钮 ⟨ 或下一帧按钮 ⟩ 切换到该图像。在更新完该图像的标注内容后，单击右上角的"Update"按钮即可。

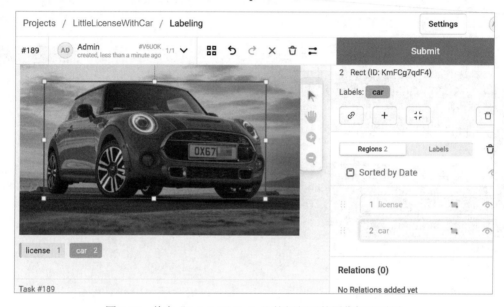

图 2-55　单击"Label All Tasks"按钮打开的图像标注页面

所有图像标注完成后的页面如图 2-56 所示。

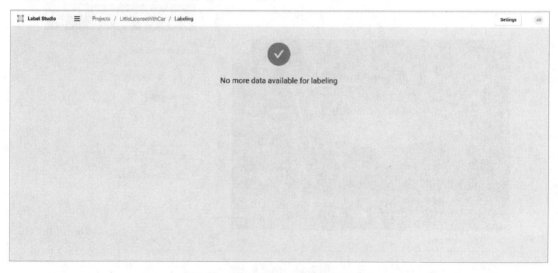

图 2-56　所有图像标注完成后的页面

返回任务列表页面，可查看图像的标注情况，如图 2-57 所示。其中，第一列表示图像 ID；第二列表示标注时间；第三列表示是否完成标注，"1"表示完成，"0"表示未完成；第四列表示是否跳过标注，"1"表示跳过，"0"表示未跳过。

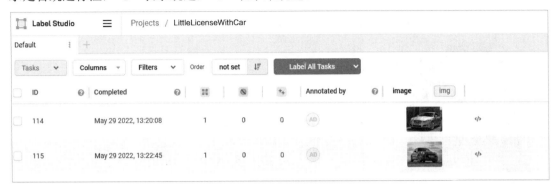

图 2-57　任务列表页面

（6）导出结果。

如果想要导出最终的标注结果，则可单击任务列表页面右上角的"Export"按钮，打开文件导出页面，如图 2-58 所示。根据处理任务的不同，会显示不同文件的生成结果。由于本节任务是图像小目标检测，因此可以生成 7 类文件。根据要导出到本地的文件类型，选中对应的单选按钮，之后单击右下角的"Export"按钮即可。当然，也可以将这 7 类文件全部导出。

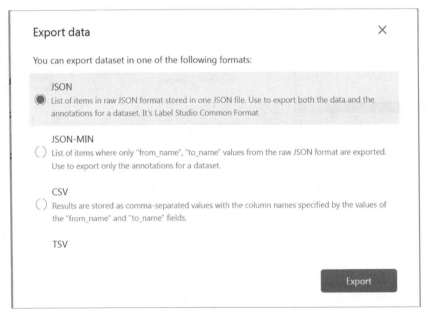

图 2-58　文件导出页面

（7）展示结果。

在将所需文件导出到本地后，可以对其进行查看。以 COCO 文件为例，此文件会生成一个压缩包，压缩包中包含一个文件夹和一个 JSON 文件。文件夹中包含所有图像，JSON 文件对所有图像的标注信息进行记录，导出的 COCO 文件如图 2-59 所示，左侧是图像文件夹，包含所有已标注的图像；右侧为 JSON 文件的具体内容，记录了所有的标注信息。

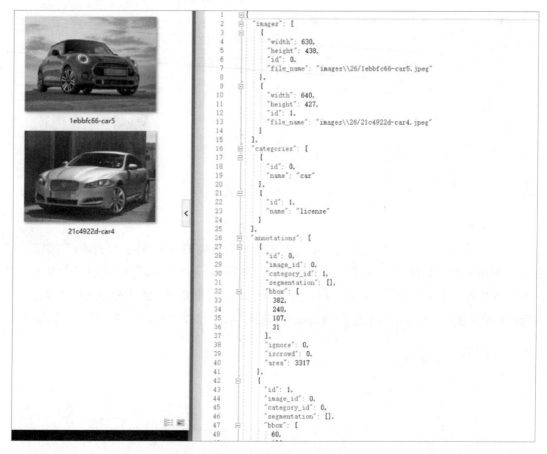

图 2-59　导出的 COCO 文件

5．动手实践

采用小组的形式完成练习。每两个人组成一组，针对"2-2-2 小目标检测素材"文件夹中的图像，使用 Label Studio，小组成员 A 通过数据增强式的方式，小组成员 B 通过上下文学习的方式，分别进行小目标标注任务的数据标注，并最终生成标注后的 COCO 格式文件。之后将自己标注完成的结果交给同组的另外一名成员验收，并填写验收信息表，如表 2-3 所示。

表 2-3　验收信息表

验收信息			
验收总量		验收不合格数量	
验收员		验收合格率	
验收时间			
备注			

2.3　图像分割标注任务

基于人工智能和深度学习方法的现代计算机视觉技术在过去 10 年里取得了显著的进展。如今，它被广泛应用于图像分类、人脸识别、图像中物体的识别、视频分析和分类、机器人和自动驾驶车辆的图像处理等场景中。

很多计算机视觉任务需要对图像进行智能分割，以理解图像中的内容，使各部分的分析更加容易。如今的图像分割技术使用计算机视觉深度学习模型来理解图像中的每个像素所代表的真实物体，这在以往是无法实现的。

图像分割主要用于提取图像中的像素值，而这些像素值能够表述已知目标的种类、数量与尺度，外在环境干扰，以及物体边缘等。

图像分割根据不同的分割目的被分为语义分割、实例分割及全景分割。

2.3.1　语义分割标注任务

1. 相关基础知识

通常意义上的目标分割指的其实就是语义分割。图像语义分割，简而言之就是对一张图像中的所有像素点进行分类，即对图像中的每个像素都划分出对应的类别，实现像素级别的分类。与分类任务不同，语义分割不仅需要使用矩形框框住某一类物体，还需要对该类物体进行像素级标注。

2. 典型应用场景

语义分割有很多应用场景，如自动驾驶、地质监测、面部识别、服饰分类、农业监测等。

1）自动驾驶

自动驾驶是一项复杂的机器任务，需要在不断变化的环境中进行感知与规划。由于其安全性至关重要，因此需要以非常高的精度执行此项任务。语义分割提供有关道路上自由空间的信息，也可以监测车道标记和交通标志等信息，在自动驾驶中起到关键作用。

2）地质监测

语义分割问题也可以被视作分类问题，其中每个像素都会被分类为一系列对象类中的某一类。因此一个应用案例是利用土地的卫星影像制图。土地覆盖信息非常重要，可用于分析地区的森林砍伐情况和城市化情况等。

土地覆盖分类是一项多级语义分割任务，能够识别卫星图像上每个像素（如城市地区、农村地区等）的土地覆盖类型。

3）面部识别

面部的语义分割通常涉及诸如皮肤、眼睛、鼻子和嘴巴等的识别与分类。面部识别在计算机视觉的许多面部应用中都是有用的，如性别、表情、年龄和种族的推测。影响面部语义分割数据集和模型开发的重要因素包括光照条件、面部表情、面部朝向、遮挡情况和图像分辨率等。

4）服装分类

由于服装数量众多，因此服装分类与其他服务相比复杂程度往往更高。这与一般的物体或场景分割问题不同，因为细粒度的服装分类需要基于服装的语义、人体姿势的可变性和一些潜在的更高级别进行判断。服装分类在视觉领域得到了积极的研究，因为它在现实世界的应用程序即电子商务中具有巨大的价值。Fashionista 和 CFPD 数据集等一些公开的数据集推动了服装领域的语义分割研究。

5）农业监测

农业监测可以减少需要在田间喷洒的除草剂的数量。农作物和杂草的语义分割可以帮助具有监测功能的农业机器人实时触发除草行为，这种先进的农业图像视觉技术可以减少对农业的人工监测，提高农业效率和降低生产成本。

3. 实践标注操作

本节将通过自行标注的方式制作图像语义分割数据集。

1）准备数据

准备 4 张含有人物的图像用于标注，分别包含 2 个人、4 个人、1 个人和 5 个人，如图 2-60 所示。

图 2-60　4 张含有人物的图像

2）创建项目

启动 Label Studio，在系统首页单击"Create Project"按钮，打开创建项目页面，将所创建的项目命名为"SemanticSegmentation"，并添加相应描述，如图 2-61 所示。

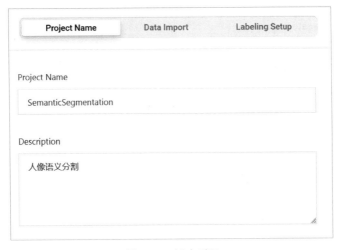

图 2-61　创建项目

3）导入数据

选择"Data Import"选项卡，单击"Upload Files"按钮，选择准备好的数据，完成数据导入。"Data Import"选项卡在导入数据前与导入数据后分别如图 2-62 和图 2-63 所示。

图 2-62　导入数据前

图 2-63　导入数据后

4）选择任务

导入数据后，选择"Labeling Setup"选项卡，如图 2-64 所示。左侧列表为任务列表，先在左侧列表中选择第一项"Computer Vision"，然后在右侧选择第一个任务"Semantic Segmentation with Polygons"。

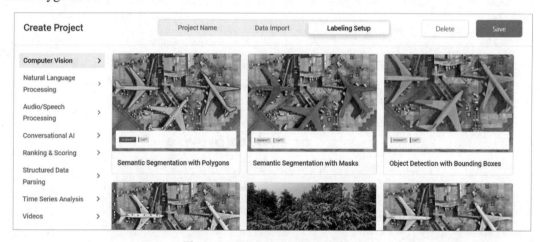

图 2-64　"Labeling Setup"选项卡

选择任务后，打开标签设置页面，如图 2-65 所示。在该页面的左侧设置图像中被分割的物体标签。因为此任务只分割人物，所以只设置了一个英文标签"Person"。设置完标签后，单击页面右上角的"Save"按钮，保存后的任务列表页面中展示了所有载入的图像，如图 2-66 所示。

5）开始标注

单击任务列表页面中的第三张图像，可打开该图像的标注页面，如图 2-67 所示。在此页面中可以根据该图像中包含的标签类型选中对应的标签。由于本例要分割图像中的人物，因此先选中"person"标签，根据图像的大小在图像右侧的工具栏中调整画笔的大小，之后便可进行人物图像的绘制。如果绘制出错，则可以选中工具栏中的橡皮工具将出错的部分擦掉，之后单击右上角的"Submit"按钮即可。

图 2-65　标签设置页面

图 2-66　保存后的任务列表页面

图 2-67　图像标注页面

71

当然，图像标注也可以不在此处进行。在图 2-66 所示的任务列表页面中，单击"Label All Tasks"按钮，打开图像标注页面后便可开始进行标注。标注完成后，单击右上角的"Submit"按钮即可打开下一张图像的标注页面。

更新完图像的标注内容后，单击右上角的"Update"按钮即可。

所有图像标注完成后的页面如图 2-68 所示。

图 2-68　所有图像标注完成后的页面

返回任务列表页面，可查看图像的标注情况，如图 2-69 所示。其中，第一列表示图像 ID；第二列表示标注时间；第三列表示是否完成标注，"1"表示完成，"0"表示未完成；第四列表示是否跳过标注，"1"表示跳过，"0"表示未跳过。

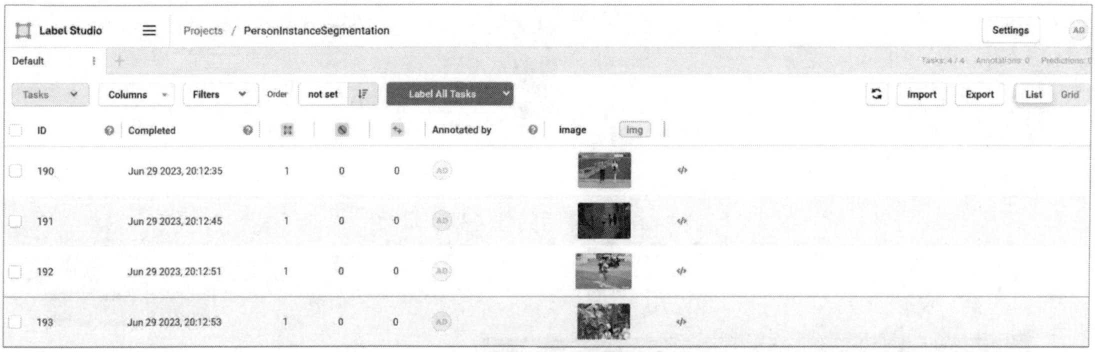

图 2-69　查看图像标注情况

6）导出结果

如果想要导出最终的标注结果，则可单击任务列表页面右上角的"Export"按钮，打开文件导出页面，如图 2-70 所示。根据处理任务的不同，会显示不同文件的生成结果。由于本节任务是图像语义分割，因此可以生成 6 类文件。根据要导出到本地的文件类型，选中对应的单选按钮，之后单击右下角的"Export"按钮即可。当然，也可以将这 6 类文件全部导出。

7）展示结果

在将所需文件导出到本地后，可以对其进行查看。对于图像语义分割任务，可以导出

Brush labels to PNG 文件，该结果会生成一个压缩包，压缩包中包含接受语义分割的所有图像，如图 2-71 所示。

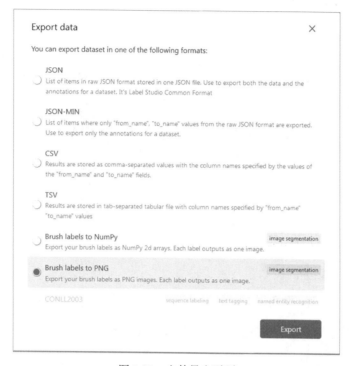

图 2-70　文件导出页面

task-140-annotation...　　task-141-annotation...　　task-142-annotation...　　task-143-annotation...

图 2-71　导出的 Brush labels to PNG 文件

4．动手实践

采用小组的形式完成练习。每两个人组成一组，一名成员针对"2-3-1 语义分割素材"文件夹中的图像，使用 Label Studio 进行图像语义分割任务的数据标注，并最终生成标注后的 Brush labels to PNG 文件。之后将自己标注完成的结果交给同组的另外一名成员验收，并填写验收信息表，如表 2-4 所示。

表 2-4　验收信息表

验收信息			
验收总量		验收不合格数量	
验收员		验收合格率	
验收时间			
备注			

2.3.2 实例分割标注任务

1. 相关基础知识

图像实例分割是在图像语义分割的基础上对其进行进一步细化，分离对象的前景与背景，实现像素级别的对象分离。由此可知，图像实例分割是基于图像语义分割的进一步提升。实例分割与语义分割的区别在于，实例分割需要对同一类型的多个个体进行区分，而语义分割则不需要。

2. 典型应用场景

实例分割在目标检测、面部表情识别、医学图像处理与疾病辅助诊断、视频监控与对象跟踪、货架空缺识别等场景中均有应用。例如，百度 AI 开放平台中的车辆检测与类型识别功能便很好地应用了实例分割技术。

3. 实践标注操作

本节将通过自行标注的方式制作图像实例分割数据集。

1）准备数据

准备语义分割标注任务中所用 4 张含有人物的图像（原图）用于本次实例分割标注，分别包含 2 个人、4 个人、1 个人和 5 个人，如图 2-72 所示。

图 2-72　4 张含有人物的图像

2）创建项目

启动 Label Studio，在系统首页单击"Create Project"按钮，打开创建项目页面，将所创建的项目命名为"Instancesegmentation"，并添加相应描述，如图 2-73 所示。

3）导入数据

选择"Data Import"选项卡，单击"Upload Files"按钮，选择准备好的数据，完成数据导入。"Data Import"选项卡在导入数据前与导入数据后分别如图 2-74 和图 2-75 所示。

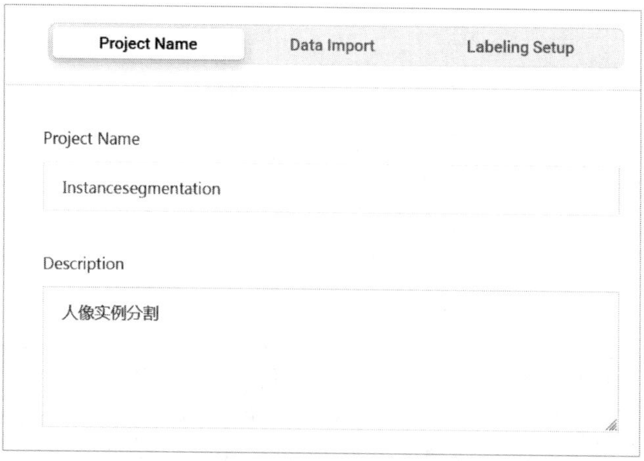

图 2-73　创建项目

图 2-74　导入数据前

图 2-75　导入数据后

4）选择任务

导入数据后，选择"Labeling Setup"选项卡，如图 2-76 所示。左侧列表为任务列表，包括"Computer Vision""Natural Language Processing"等。根据不同的任务选项，本次的图像实例分割任务选择第一项"Computer Vision"，之后页面右侧会出现 8 个不同的任务选项，选择第一个任务"Semantic Segmentation with Polygons"。

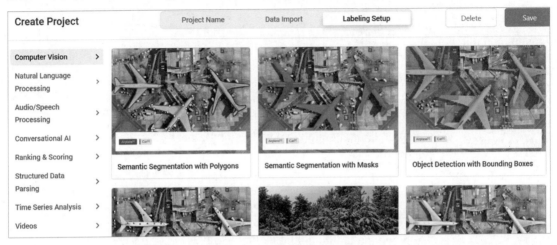

图 2-76　"Labeling Setup"选项卡

选择任务后，打开标签设置页面，如图 2-77 所示。在该页面的左侧设置图像中被分割的物体标签。因为此任务只分割人物，但对于实例分割来说，相同类型的不同物体也要使用不同标签进行标注，所以此处设置了 9 个英文标签，依次为"person1""person2""person3"…"person9"。当然，此处还可以根据自己的需求进行标签的添加与删除。设置完标签后，单击页面右上角的"Save"按钮，保存后的任务列表页面中展示了所有载入的图像，如图 2-78 所示。

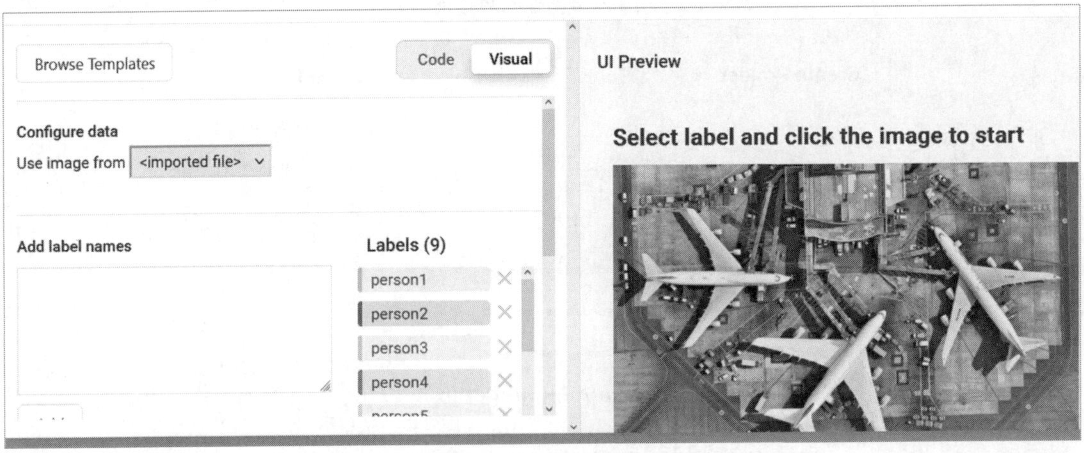

图 2-77　标签设置页面

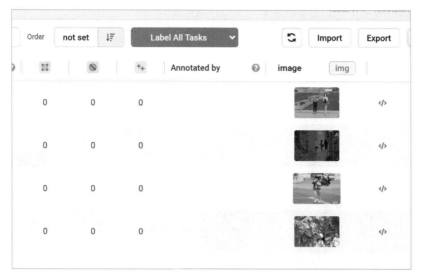

图 2-78　保存后的任务列表页面

5）开始标注

单击任务列表页面中的第三张图像，可打开该图像的标注页面，如图 2-79 所示。在此页面中可以根据图像中包含的标签类型，选中对应的标签。由于本例要分割图像中的人物，因此选中"person"标签。选完之后，单击人物图像的某个边缘点，便会出现标注点。沿着该人物图像的边缘连续单击，各相邻点会自动连接，直到最终再次单击第一个标注点。这时，会出现一片红色区域将人物分割，之后单击右上角的"Submit"按钮即可。

图 2-79　图像标注页面

当然，图像标注也可以不在此处进行。在图 2-78 所示的任务列表页面中，单击"Label All Tasks"按钮，打开图像标注页面后便可开始进行标注，标注完成后的效果如图 2-80 所示。虽然图中有两个人，但是均对其使用"person"标签标注即可。此时，单击右上角的"Submit"按钮即可打开下一张图像的标注页面。

对于已经标注了的图像，可通过单击上一帧按钮 ❮ 或下一帧按钮 ❯ 进行图像的切换。若想改变某张图像的标注内容，则可单击上一帧按钮 ❮ 或下一帧按钮 ❯ 切换到该图像。在更新完该图像的标注内容后，单击右上角的"Update"按钮即可。

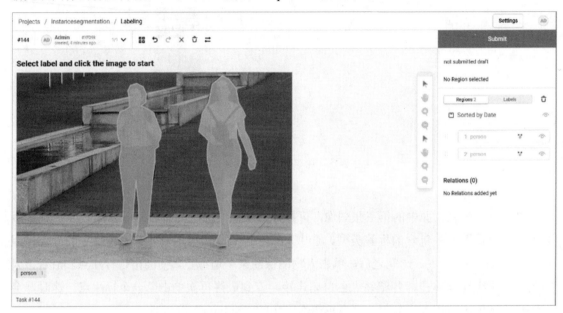

图 2-80　标注完成后的效果

所有图像标注完成后的页面如图 2-81 所示。

图 2-81　所有图像标注完成后的页面

返回任务列表页面，可查看图像的标注情况，如图 2-82 所示。其中，第一列表示图像 ID；第二列表示标注时间；第三列表示是否完成标注，"1"表示完成，"0"表示未完成；第四列表示是否跳过标注，"1"表示跳过，"0"表示未跳过。

6）导出结果

如果想要导出最终的标注结果，则可单击任务列表页面右上角的"Export"按钮，打开文件导出页面，如图 2-83 所示。根据处理任务的不同，会显示不同的文件生成结果。由于本节任务是图像实例分割，因此可以生成 5 类文件。根据要导出到本地的文件类型，选中对应的单选按钮，之后单击右下角的"Export"按钮即可。当然，也可以将这 5 类文件全部导出。

图 2-82 查看图像标注情况

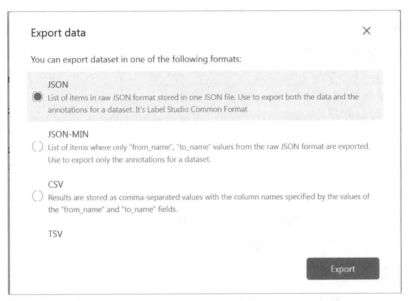

图 2-83 文件导出页面

7）展示结果

在将所需文件导出到本地后，可以对其进行查看。例如，若所需文件为 CSV 文件，则将 CSV 文件导出，如图 2-84 所示。

图 2-84 导出的 CSV 文件

4. 动手实践

采用小组的形式完成练习。每两个人组成一组，一名成员针对"2-3-2 实例分割素材"文件夹中的图像，使用 Label Studio 进行图像实例分割任务的数据标注，并最终生成标注后的 CSV 文件。之后将自己标注完成的结果交给同组的另外一名成员验收，并填写验收信息表，如表 2-5 所示。

表 2-5　验收信息表

验收信息			
验收总量		验收不合格数量	
验收员		验收合格率	
验收时间			
备注			

2.3.3　全景分割标注任务

1. 相关基础知识

与之前介绍的语义分割和实例分割不同，全景分割要求图像中的每个像素点都必须被分配给一个语义标签和一个实例 ID。其中，语义标签指的是物体的类别，而实例 ID 则对应同类物体的不同编号。

全景分割的实现面临着一些难题。例如，与语义分割相比，全景分割的困难在于需要优化全连接网络的设计，使网络结构能够区分不同类别的实例；而与实例分割相比，由于全景分割要求每个像素只能有一个语义标签和一个实例 ID，因此不能出现实例分割中的重叠现象。

2. 全景分割常见数据集

目前用于全景分割的常见公开数据集有 MS COCO、Vistas、ADE20K 和 Cityscapes。

MS COCO 是微软公司开发的可以用于图像识别、分割和标注的数据集，主要从复杂的日常场景中截取图像数据，包括 91 个类别。虽然 MS COCO 的类别比 ImageNet 少很多，但每类包含的图像很多。

Vistas 是目前全球最大的和最多样化的街景图像数据库，可以为全球范围内的无人驾驶和自主运输技术提供支持。

ADE20K 是一个可用于场景感知、场景分割和多物体识别等很多任务的数据集。与大规模数据集 ImageNet 和 MS COCO 相比，它的场景更加多样化；而与 SUN（一个用于场景理解的数据集）相比，它的图像数量更多，对数据的注释也更详细。

Cityscapes 是一个包含 50 个城市街景的数据集，也可以在无人驾驶环境下的图像分割场景中得到应用。

3．实践标注操作

本节将通过自行标注的方式制作图像全景分割数据集。

1）准备数据

准备两张含有人物的图像用于标注，分别包含两个人和一个人，如图 2-85 所示。

图 2-85　两张含有人物的图像

2）创建项目

启动 Label Studio，在系统首页单击"Create Project"按钮，打开创建项目页面，将所创建的项目命名为"PanoramicSegmentation"，并添加相应描述，如图 2-86 所示。

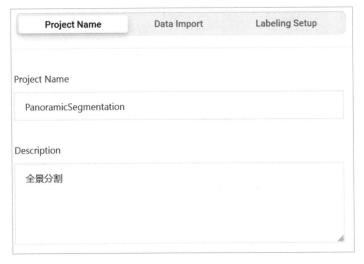

图 2-86　创建项目

3）导入数据

选择"Data Import"选项卡，单击"Upload Files"按钮，选择准备好的数据，完成数据导入。"Data Import"选项卡在导入数据前与导入数据后分别如图 2-87 和图 2-88 所示。

图 2-87　导入数据前

图 2-88　导入数据后

4）选择任务

导入数据后，选择"Labeling Setup"选项卡，如图 2-89 所示。左侧列表为任务列表，包括"Computer Vision""Natural Language Processing"等。根据不同的任务选项，本次的图像全景分割任务选择第一项"Computer Vision"，之后页面右侧会出现 8 个不同的任务选项，选择第二个任务"Semantic Segmentation with Masks"。

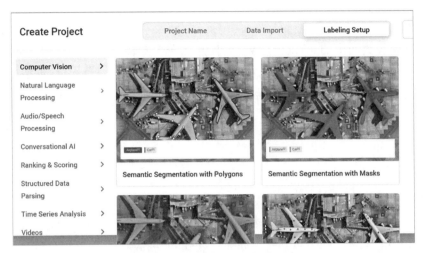

图 2-89　"Labeling Setup"选项卡

选择任务后,打开标签设置页面,如图 2-90 所示。在该页面的左侧添加图像中被分割的物体分类。因为此任务只分割人物,但为全景分割,所以设置了两个英文标签,分别为"person"和"background"。设置完标签后,单击页面右上角的"Save"按钮,保存后的任务列表页面中展示了所有载入的图像,如图 2-91 所示。

图 2-90　标签设置页面

图 2-91　保存后的任务列表页面

5）开始标注

单击任务列表页面中的第二张图像，可打开该图像的标注页面，如图 2-92 所示。在此页面中可以根据图像中包含的标签类型选中对应的标签。由于本例要分割图像中的人物，因此选中"person"标签，对图像中的人物使用"person"标签进行标注。标注完成后，选中"background"标签，全部标注图像中的其余部分，之后单击右上角的"Submit"按钮即可。

图 2-92　图像标注页面

当然，图像标注也可以不在此处进行。在图 2-91 所示的任务列表页面中，单击"Label All Tasks"按钮，打开图像标注页面后便可开始进行标注。标注完成后的效果如图 2-93 所示。此时，单击右上角的"Submit"按钮即可打开下一张图像的标注页面。

对于已经标注了的图像，可通过单击上一帧按钮 ❮ 或下一帧按钮 ❯ 进行图像的切换。若想改变某张图像的标注内容，则可单击上一帧按钮 ❮ 或下一帧按钮 ❯ 切换到该图像。在更新完该图像的标注内容后，单击右上角的"Update"按钮即可。

所有图像标注完成后的页面如图 2-94 所示。

返回任务列表页面，可查看图像的标注情况，如图 2-95 所示。其中，第一列表示图像 ID；第二列表示标注时间，第三列表示是否完成标注，"1"表示完成，"0"表示未完成；第四列表示是否跳过标注，"1"表示跳过，"0"表示未跳过。

图 2-93　标注完成后的效果

图 2-94　所有图像标注完成后的页面

图 2-95　查看图像标注情况

6）导出结果

如果想要导出最终的标注结果，则可单击任务列表页面右上角的"Export"按钮，打开文件导出页面，如图 2-96 所示。根据处理任务的不同，会显示不同文件的生成结果。由于本节任务是图像全景分割，因此可以生成 6 类文件。根据要导出到本地的文件类型，选中对应的单选按钮，之后单击右下角的"Export"按钮即可。当然，也可以将这 6 类文件全部导出。

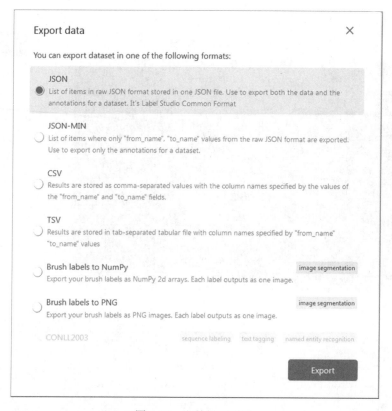

图 2-96　文件导出页面

7）展示结果

在将所需文件导出到本地后，可以对其进行查看。例如，导出 Brush labels to PNG 文件，如图 2-97 所示。

task-148-annotation-149-by-1-tag-background-0.png

task-148-annotation-149-by-1-tag-person-0.png

task-149-annotation-148-by-1-tag-background-0.png

task-149-annotation-148-by-1-tag-person-0.png

图 2-97　导出的 Brush labels to PNG 文件

4. 动手实践

采用小组的形式完成练习。每两个人组成一组，一名成员针对"2-3-3 全景分割素材"文件夹中的图像，使用 Label Studio 进行图像全景分割任务的数据标注，并最终生成标注后的 Brush labels to PNG 文件。之后将自己标注完成的结果交给同组的另外一名成员验收，并填写验收信息表，如表 2-6 所示。

表 2-6　验收信息表

验收信息			
验收总量		验收不合格数量	
验收员		验收合格率	
验收时间			
备注			

2.4　关键点标注任务

2.4.1　相关基础知识

数据标注任务中，机器学习工程师在构建模型时需要考虑实际的应用场景。在检测人类行为和情绪方面，关键点标注尤为常用。关键点标注是指通过人工的方式，在规定位置标注关键点，如人脸特征点、人体骨骼连接点等。它们常被用来训练面部识别模型及统计模型。与其他类型的标注不同，关键点标注用来标注物体的骨骼轮廓而不是标注物体的外缘，这就是人和动物的行为经常使用关键点来标注的原因。通过这种方式，模型可以检测到物体的运动形态。

2.4.2　典型应用场景

关键点标注十分适合追踪运动的物体，所以经常用于视频连续帧的标注。使用关键点标注方式分析人或动物的行为轨迹有利于检测目标受到的一些伤害、存在的弱点和面部情绪等。

1）人脸识别

现在的手机解锁方式大多使用了人脸识别技术。基于人脸识别技术的人脸解锁看似简单，实际上非常复杂，它是通过高性能模型而实现的，而此高性能模型又是通过大量已标注好的人脸数据集训练得到的。

在构建一个人脸识别模型时，工程师通常需要查看关键点以测量重要的距离，如人的眼睛到鼻子的距离、下巴到额头的距离等。分析这些关键点之后，模型可以学习到人脸的细节。在查看了大量人脸关键点之后，模型就可以检测人脸特征。

2）人体关键点及运动识别

伴随着科技的发展，职业体育运动也产生了关键点标注的需求。使用 AI 技术分析运动员的动作，能够发现一些肉眼难以察觉的细节。此外，人体肌肉运动的轻微变化可能表明对应部位即将出现损伤，而通过关键点标注进行预测，可以达到预防损伤的目的，并有可能延长运动员的职业生涯。

教练在招募和评估运动员时，使用 AI 技术也可提高评估的效率和质量。教练使用可靠的模型能够检测运动员的动作并了解他的技能水平，同时，可以通过检测数据评估运动员的优势，有助于高效率地筛选出可用人才。运动员关键点动作捕捉如图 2-98 所示。

图 2-98　运动员关键点动作捕捉

除了专业运动，关键点标注技术在虚拟运动软件与辅助平台中也发挥了重要作用。在运动健身领域，通过分析健身爱好者的动作，判断哪种健身方式对他来说才是适合的，了解其关节是如何运动的，可以为该健身爱好者提供反馈。例如，未接受过专业指导的健身爱好者很容易在健身过程中出现身体上的损伤，但通过运动分析软件，这些健身爱好者可以很好地掌握各种健身动作对应的发力点及要领，以达到在运动的同时保护自己身体的目的。

在医学界，使用关键点标注模型进行运动分析，可以获取很多患者的健康信息。例如，通过观察患者的步态，可以了解其恢复情况；通过捕捉中风、帕金森和脑瘫等疾病的患者的视频片段，可以在对患者的逐帧分析中标注主要关节区域。另外，通过人工智能技术，科学家们能够获取人体的各种参数，如步行速度、跑步节奏、站立时间及双脚支撑时间等。科学家们能够在训练模型中对目标的步态测量值与健康个体的步态测量值进行比较。

2.4.3　实践标注操作

本节将通过自行标注的方式制作关键点标注数据集。

1）准备数据

准备用于标注的图像，图像内容是处于行走状态的人，如图 2-99 所示。

图 2-99　处于行走状态的人

2）创建项目

使用 Label Studio 创建项目，命名项目为"人体关键点标注"，导入数据。在"Labeling Setup"选项卡中先选择第一项"Computer Vision"，再选择第四个任务"Keypoint Labeling"，如图 2-100 所示。

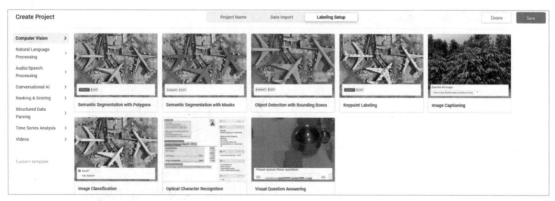

图 2-100　选择任务

常见的人体关键点标签如图 2-101 所示。本项目出于对复杂度的考虑，自定义标签类型。

序号	数据集标注顺序	关节名	中文名
0	0	Nose	鼻子
1	1	Neck	脖子
2	2	RShoulder	右肩
3	3	RElbow	右手肘
4	4	RWrist	右手腕
5	5	LShoulder	左肩
6	6	LElbow	左手肘
7	7	LWrist	左手腕
8	8	MidHip	中臀
9	9	RHip	右臀
10	10	RKnee	右膝盖
11	11	RAnkle	右脚踝
12	12	LHip	左臀
13	13	LKnee	左膝盖
14	14	LAnkle	左脚踝
15	15	REye	右眼
16	16	LEye	左眼
17	17	REar	右耳
18	18	LEar	左耳
19	19	RBigToe	右大拇指
20	20	RSmallToe	右小拇指
21	21	RHeel	右脚跟
22	22	LBigToe	左大拇指
23	23	LSmallToe	左小拇指
24	24	LHeel	左脚跟

图 2-101　常见的人体关键点标签

标签包括"头""肩""肘""手""髋""膝""足"。在创建项目的同时为其设置标签。标签设置页面如图 2-102 所示。

图 2-102　标签设置页面

3）开始标注

保存项目后，单击"Label All Tasks"按钮开始进行标注。关键点标注页面如图 2-103 所示。

图 2-103 关键点标注页面

为了区分左肩与右肩等部位，为标注点添加 Meta 信息，如图 2-104 所示。

按照此方法依次标注出所有人体关键点。

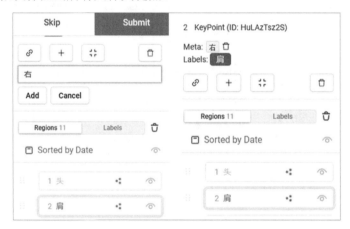

图 2-104 为标注点添加 Meta 信息

4）导出结果

完成标注后，在文件导出页面（见图 2-105）中选中"JSON"单选按钮，单击"Export"按钮。导出的 JSON 文件如图 2-106 所示。

5）展示结果

在导出结果中，x 和 y 分别表示关键点的横坐标和纵坐标，keypointlabels 表示部位，meta 部分包括注释内容。

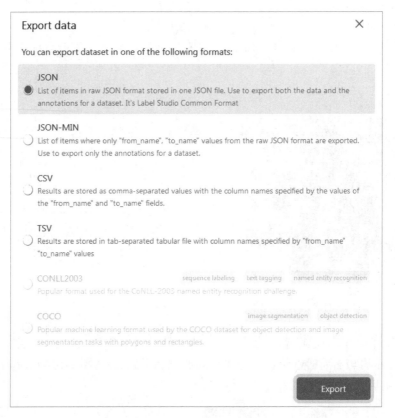

图 2-105　文件导出页面

```
{
    "original_width": 800,
    "original_height": 1202,
    "image_rotation": 0,
    "value": {
        "x": 48.13333333333333,
        "y": 20.585625554569653,
        "width": 0.26666666666666666,
        "keypointlabels": [
            "肩"
        ]
    },
    "meta": {
        "text": [
            "右"
        ]
    },
    "id": "HuLAzTsz2S",
```

图 2-106　导出的 JSON 文件

2.4.4　动手实践

采用小组的形式完成练习。每两个人组成一组，一名成员针对"2-4 关键点标注素材"文件夹中的图像，使用 Label Studio 进行关键点任务的数据标注，并最终生成标注后的 JSON 文件。之后将自己标注完成的结果交给同组的另外一名成员验收，并填写验收信息表，如表 2-7 所示。

表 2-7　验收信息表

验收信息			
验收总量		验收不合格数量	
验收员		验收合格率	
验收时间			
备注			

小　结

本章主要介绍了 4 部分内容，包括图像标签分类标注、图像目标检测标注、图像分割标注及关键点标注。通过本章内容，主要完成了以下教学目标。

知识目标：

（1）熟悉常见的图像标注任务。

（2）熟悉图像标注的相关概念和指标。

（3）熟悉图像标注过程中的常见要求。

（4）了解标注员的相关职业素养。

能力目标：

（1）能够搭建图像标注环境。

（2）能够明确图像标注项目的目标。

（3）能够配合完成图像标注质量检测任务。

（4）能够组建团队，落实图像标注目标和相关计划。

思政目标：

（1）培养业精于勤、一丝不苟的工匠精神。

（2）强化严谨务实的工作态度。

（3）培养团结协作的团队精神。

课后习题

一、选择题

（1）下列不属于目标检测应用场景的是（　　　）。

　　A．智能交通　　　　B．工业检测　　　　C．猫狗分类　　　　D．手术机械定位

（2）下列数据标注形式中，需要标注背景的是（　　　）。

　　A．图像分类　　　　　　　　　　B．语义分割

　　C．实例分割　　　　　　　　　　D．全景分割

（3）下列不属于图像标签分类标注结果导出格式的是（　　　）。

　　A．CSV　　　　　　B．JSON　　　　　　C．TSV　　　　　　D．COCO

二、简答题

（1）图像标签分类的典型应用场景有哪些？

（2）图像小目标检测的解决方案有哪些？

（3）图像分割包括哪几种类型？

（4）关键点标注结果的导出格式有哪些？

三、实践题

尝试使用 Label Studio 分别完成对"2 课后习题素材"文件夹中图像的语义分割标注、实例分割标注及全景分割标注，并将最终的结果导出、保存为 COCO 文件。

第**3**章

视频标注项目

> "这是一个影像的时代，视听的时代。"
>
> ——德国 瓦尔特·本雅明

3.1 视频分类标注任务

3.1.1 相关基础知识

视频分类是人工智能与计算机视觉领域的重要研究方向。根据视频数据中对象的动作信息及场景演化信息等特征信息，可以将视频数据分为不同的类别，分类后有利于对视频数据进行监管和处理。

随着互联网搜索技术的快速发展及手持移动拍摄设备的不断更新，互联网中的视频数据正以惊人的速度在增长。视频分享、广告及视频推荐等服务对网络用户产生刺激作用，让他们对视频上传、下载、点评和检索等相关活动产生浓厚的兴趣并参与其中。"抖音"短视频平台将中国传统文化"出口"到海外，并在海外大获成功。目前，每天都有来自世界各地的海量视频数据被上传到"抖音"短视频平台中并得到大量用户的分享。"抖音"及其海外版"TikTok"的全球下载量如图 3-1 所示。

但是对用户而言，仅凭一己之力从海量的视频数据中获得自己感兴趣的内容显然难度非常大。因此，必须有新的检索方式来满足互联网用户对视频等多媒体数据日益增长的检索需要。而视频分类标注通过对视频数据中的内容进行处理和分析，有利于优化视频数据的搜索与管理性能。

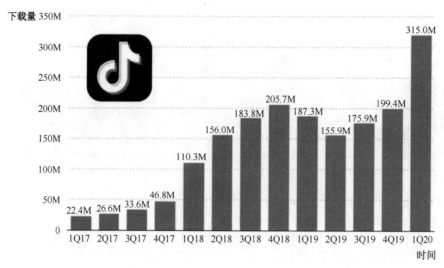

图 3-1 "抖音"及其海外版"TikTok"的全球下载量

注：图中横坐标轴表示时间，例如，"1Q17"表示 2017 年第一季度，"2Q17"表示 2017 年第二季度，"1Q20"表示 2020 年第一季度，"Q"表示季度；纵坐标轴表示下载量，"M"为单位（百万人次）。

3.1.2 典型应用场景

作为计算机视觉领域的一项基本任务，视频分类任务在人们日常生活中的诸多方面都有应用。

1）基于内容的视频检索

近年来，视频数据信息量急剧增加，如何高效地获取所需视频内容变得越来越困难。基于内容的视频检索技术根据视频内容和上下文关系，可以找到用户需要的视频数据并反馈给用户。该技术可以广泛应用于视频网站、搜索引擎等领域，将成为视频数据库一项不可或缺的技术。

2）智能视频监控

视频分类技术为智能视频监控提供了高层次的语义信息，可以让人们更好地理解视频，并迅速获得想要的监控内容，以此降低人工成本，提高监控效率。分类技术在视频监控中的应用主要表现为对视频监控中的物体和场景进行位置或状态分类，并在此基础上分析、判断与理解目标的行为。

3）智能视频审核

在各类视频 App 或网站上，每小时新增的视频时长可以达到数万个小时，如果完全使用人工审核方式，则会消耗大量的人力与物力。视频分类技术可以识别视频中可能存在的负面内容，与人工审核相结合可极大地提高审核效率和准确率。根据数据统计，2021 年"抖音"

删除了上百万条视频，其中超过 70%的视频是通过智能视频审核技术实现自动识别和标注的。

4）汽车自动驾驶

与人工智能技术的日益成熟相伴随，人类的日常生活方式越来越智能化。汽车自动驾驶即交通领域的智能化体现，而它亦是视频分类标注任务的一个典型应用场景。汽车自动驾驶系统是指完全自动化的、高度集中控制的汽车运行系统，具备汽车自动唤醒和休眠、自动行驶、自动清洗、自动停车、自动开关车门等功能，并具有常规运行、降级运行、运行中断等多种不同的运行模式。汽车自动驾驶系统的研发是为了解放人们的双手，为其日常出行带来便利。目前，全球汽车行业正在不断朝着这个方向发展。我国华为公司和百度公司也已发展为全球汽车自动驾驶领域的佼佼者。华为 ADS 自动驾驶系统如图 3-2 所示。

图 3-2　华为 ADS 自动驾驶系统

汽车自动驾驶想要实现精准驾驶，高质量的视频分类标注尤为重要。在自动驾驶场景中，全部操作均由机器代替，对物体识别精度的要求相当严格。视频标注可以在道路上自动识别十字路口、车道线、行人等，支持智能驾驶算法训练。基于视频分类标注技术的道路标注如图 3-3 所示。

图 3-3　基于视频分类标注技术的道路标注

除了常规的道路检测，车内驾驶员疲劳、驾驶员动作、场景光线，以及车外更加复杂的障碍物、天气、地点、闯红灯车辆、横穿马路的行人、路边违章停靠的车辆等，这些场景的检测同样需要大量的标注数据。但上述场景仅涉及摄像头数据，它们只是大量标注数据的冰山一角。由于需要满足严格的安全性要求，智能驾驶的数据需求正向着多模态的方向在发展。而所谓多模态，是指对多维时间、空间、环境数据的感知与融合。在汽车自动驾驶系统中，除了摄像头，还有激光雷达、毫米波雷达、超声波雷达等多种设备，而基于这些设备的感知方式都需要对应的数据标注。即使一辆安装了自动驾驶系统的智能汽车到了消费者的手中，数据标注工作也不会停止。

3.1.3　实践标注操作

1）准备数据

视频数据为互联网上的 3 段短视频，分别是"张骞出塞""丹青文脉""奥运赛事"，格式为 MP4。

2）创建项目

启动 Label Studio，命令如下。

```
label-studio start
```

启动后，在系统首页单击"Create Project"按钮，在打开的页面中选择"Project Name"选项卡，命名项目为"视频分类标注案例"，如图 3-4 所示。

图 3-4　创建项目

选择"Data Import"选项卡，单击"Upload Files"按钮，选择准备好的 3 段短视频数据进行导入，如图 3-5 所示。需要注意的是，图中"Upload More Files"按钮所在位置即之前"Upload Files"按钮所在位置，此按钮文字最初为"Upload Files"，导入一次文件之后会切换为"Upload More Files"。如果有多条视频数据需要标注，则可单击"Upload More Files"按钮继续导入数据。

图 3-5　导入视频数据

完成视频数据导入后，选择"Labeling Setup"选项卡，先选择第八项"Videos"，再选择第一个任务"Video Classification"，如图 3-6 所示。

图 3-6　选择任务

选择任务后，单击"Save"按钮，打开标签设置页面，如图 3-7 所示。

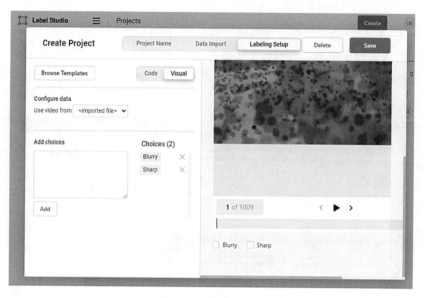

图 3-7　标签设置页面

在"Add choices"文本框中输入要添加的标签并单击"Add"按钮保存；单击"Choices"列表中的删除按钮 ⊠ 删除无用标签。本任务中删除自带的标签，将"科技""历史""编程""美术""体育"5 个标签添加到"Choices"列表之中，如图 3-8 所示。

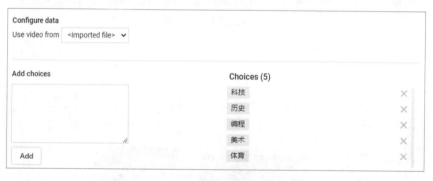

图 3-8　设置标签

完成标签设置后，单击"Save"按钮保存项目，保存后的任务列表页面如图 3-9 所示。

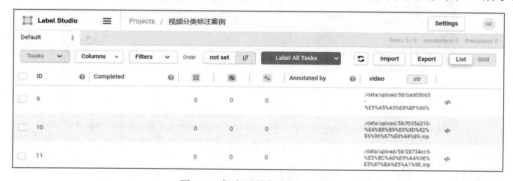

图 3-9　保存后的任务列表页面

3）开始标注

在任务列表中单击待标注任务的任意位置，打开视频标注页面，如图 3-10 所示。

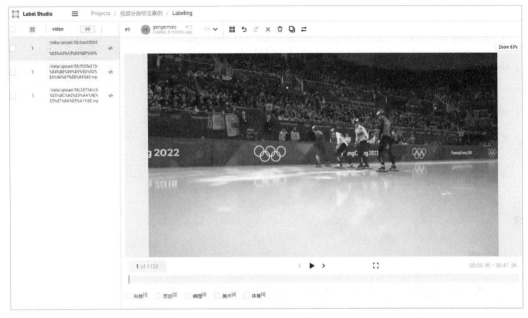

图 3-10　视频标注页面

在标注页面单击播放按钮 ▶，待视频播放完毕，根据视频内容为其选择所属的标签类型，在视频下方勾选对应的标签复选框。针对本案例中的 3 段视频，分别勾选"历史""美术""体育"复选框。需要强调的是，标注员必须在观看完整视频后才可进行复选框的勾选，不可只根据部分片段便勾选，这也是标注员需要具备的职业素养之一。每段视频标注完成后，单击"Submit"按钮提交，此时按钮文字由"Submit"切换为"Update"，如图 3-11 所示。

图 3-11　按钮文字由"Submit"切换为"Update"

4）导出结果

返回任务列表页面，第二列（"Completed"列）显示了各任务的标注时间。勾选待导出记录对应的复选框，如图 3-12 所示，导出全部数据标注结果。

单击"Export"按钮，在文件导出页面中选中"JSON-MIN"单选按钮，如图 3-13 所示。

图 3-12　勾选待导出记录对应的复选框

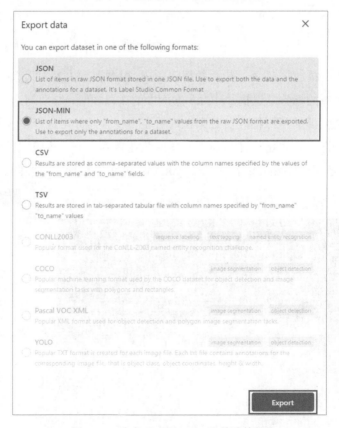

图 3-13　选中"JSON-MIN"单选按钮

单击"Export"按钮，开始导出文件到本地。

5）展示结果

导出结果为 JSON 文件，相关命令如下。

```
[
  {
    "video": "/data/upload/58/28734cc5-%E5%BC%A0%E9%AA%9E%E5%87%BA%E5%
A1%9E.mp4",
    "id": 11,
    "choice": "历史",
    "annotator": 1,
    "annotation_id": 19,
    "created_at": "2022-07-05T09:29:43.997476Z",
    "updated_at": "2022-07-05T09:29:43.997476Z",
    "lead_time": 3.703
  },
  {
    "video": "/data/upload/58/f035e210-%E4%B8%B9%E9%9D%92%E6%96%87%E8%
84%89.mp4",
    "id": 10,
    "choice": "美术",
    "annotator": 1,
    "annotation_id": 18,
    "created_at": "2022-07-05T09:29:38.263622Z",
    "updated_at": "2022-07-05T09:29:38.263622Z",
    "lead_time": 7.427
  },
  {
    "video": "/data/upload/58/bad05065-%E5%A5%A5%E8%BF%90%E8%B5%9B%E4%
BA%8B.mp4",
    "id": 9,
    "choice": "体育",
    "annotator": 1,
    "annotation_id": 17,
    "created_at": "2022-07-05T09:29:28.474210Z",
    "updated_at": "2022-07-05T09:29:28.474210Z",
    "lead_time": 9.081
  }
]
```

3.1.4 动手实践

按照前文叙述过程，完成本书配套数字化资源中视频文件 category01.mp4 ～ category05.mp4 的数据导入、标注和导出。

结果参考：category01.mp4 为"编程"类型，category02.mp4 为"历史"类型，category03.mp4 为"科技"类型，category04.mp4 为"体育"类型，category05.mp4 为"美术"类型。

3.2　视频跨帧追踪标注任务

3.2.1　相关基础知识

视频跨帧追踪标注任务研究的是如何在视频的每一帧中准确、快速地定位感兴趣的目标，即追踪连续视频帧中感兴趣目标的位置和运动信息。通常，追踪结果使用矩形框来表示。视频追踪任务中，追踪的目标可以是视频中的任意物体，或者选定的任意区域，并不需要事先获取目标的类别信息。由于追踪过程可以从任意帧开始，因此目标追踪被形象地称为"万物追踪"。视频跨帧追踪作为一项中低层次的视觉分析任务，对其他众多视觉任务具有良好的辅助作用，如协助视频目标检测、视频目标分割、视频行人重识别等。

随着计算机运算性能的日益优化、高性能摄像终端的不断普及，以及视频分析需求的与日俱增，视频跨帧追踪算法的应用范围越发广泛，落地需求亦越发强烈。实现一个可以精准地、稳健地、快速地执行目标定位任务的高效视觉追踪系统仍然是目前人们不懈努力的技术方向。2015 年以来，随着深度学习尤其是深度卷积神经网络的兴起，视频跨帧追踪算法取得了长足进步。人工智能科研人员相继提出 AlexNet、VGGNet、ResNet 等网络层数越来越多，而且设计越来越精妙的深度卷积神经网络。它们在图像分类、视频跨帧追踪这些计算机视觉基础任务中表现优异。科研人员不断探究深度卷积神经网络在高层次视频场景跨帧追踪任务中的适配度，使得 SiameseFC、SiamRPN、SiamRPN++和 SiamMask 等经典的视频跨帧追踪模型相继出现。这些深度神经网络模型依然依赖于大规模内含标注标签的数据集。

3.2.2　典型应用场景

基于对深度学习模型如深度卷积神经网络模型等的应用，以及 GPU 设备带来的计算效率的飞跃，视频跨帧追踪技术受益于更具鲁棒性的特征表达及端到端的模型训练，已经在速度和精度方面越发接近人们在实际生活中的应用需求。在实际应用场景中，视频跨帧追踪的应用包括但不限于以下方面。

1）安全监控

安全监控需要对特定区域内的行人及物体进行持续检测和追踪，以便及时发现行人的异常行为或场景中的安全隐患。安全监控广泛应用于日常生活的各个区域，如学校、银行、超市、火车站、停车场、办公楼、施工场所及街道路口等。安全监控通过对可疑行人的识别、跟踪，以及更高层次的语义理解，自动分析并预警，在提高效率的同时极大地减轻了人们的工作负担。安全监控系统的应用场景如图 3-14 所示，其中，图（a）为在施工场所检测工人是否佩戴安全帽，图（b）为在校园内检测学生是否追逐打闹。

（a）在施工场所检测工人是否佩戴安全帽

（b）在校园内检测学生是否追逐打闹

图 3-14 安全监控的应用场景

2）城市交通

现代城市车流量、人流量巨大，遮挡建筑物非常多，使得城市交通场景的分析任务复杂且繁重。利用视频跨帧追踪技术，对行人轨迹、违章车辆、超速驾驶、车流密度等进行实时监控，可以为进一步的场景分析、秩序维护、智能调度提供便利，节约人力与物力。大疆无人机进行车辆追踪的应用场景如图 3-15 所示。

3）人机交互

随着计算机设备智能化水平的提升和虚拟现实等技术的成熟，人们不再仅仅满足于传统的机械式人机交互（如使用鼠标、键盘），如何与智能设备更加便捷地进行沟通显得越发重要。摄像头准确、高效地捕捉并持续追踪用户的眼神、表情、手势及姿态是人机智能交互的第一步，而这离不开视频跨帧追踪技术的支持。

图 3-15　大疆无人机进行车辆追踪的应用场景

4）体育运动

随着科学技术的飞速发展，体育科技在全民健身和运动训练实践中发挥的作用越来越重要。过去仅凭教练员直觉的训练方式已很难提升运动员的竞技水平，将视频跨帧追踪技术引入体育训练，用以提高体育训练的科学性与效率，是一项新的研究内容。计算机视觉技术的发展为教练员提供了一种新的训练工具。由于机器视觉比人眼具有更高的准确性和更强的记忆力，因此它能够快速地捕捉运动目标，并且记录目标的各种运动数据，而这些运动数据也能够为运动员动作的评价提供更加直观的参考依据。

5）军事领域

视频跨帧追踪技术在现代军事领域一直发挥着重要作用。随着很多军事武器的自动化部署，人类对一些事项或冲突的感知难度加大。视频跨帧追踪技术在导弹制导、武器观测与瞄准、无人机侦察等领域发挥着举足轻重的作用。

6）自动驾驶

自动驾驶需要车辆对周围的场景进行实时感知和分析。毋庸置疑，视频跨帧追踪技术在其中发挥着重要作用。通过摄像头对周围环境中的目标进行持续的跟踪与定位，可以为自动驾驶汽车的路况分析、智能导航、行驶决策等提供重要信息，既能保障交通顺畅，又能降低事故的发生率。

7）医疗诊断

视频跨帧追踪技术为智慧医疗提供了可靠保障并促进其发展。例如，使用视频跨帧追踪技术标记特定的细胞、蛋白质等，通过对其进行追踪和轨迹分析，可以辅助医生进行疾病诊断和医疗救治；通过对内窥镜等设备的追踪和轨迹控制，可以让医生精准地掌握病人的情况。此外，视频跨帧追踪技术也用于对患者特定患病部位的持续追踪和对比，为疾病动态检测提供了极大的便利。

3.2.3　实践标注操作

1）准备数据

视频数据节选自 2022 年北京冬奥会中国选手"武大靖"的参赛视频，格式为 MP4。

2）创建项目

启动 Label Studio，命令如下。

```
label-studio start
```

启动后，在系统首页单击"Create Project"按钮，在打开的页面中选择"Project Name"选项卡，命名项目为"视频跨帧追踪标注案例"，如图 3-16 所示。

图 3-16　创建项目

选择"Data Import"选项卡，单击"Upload Files"按钮，选择准备好的一段视频数据进行导入，如图 3-17 所示。如有多条视频数据需要标注，则可单击"Upload More Files"按钮继续导入数据。

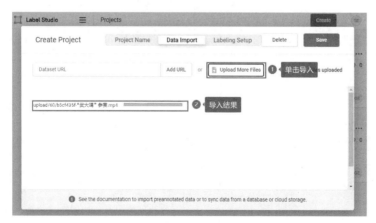

图 3-17　导入视频数据

完成视频数据导入后，选择"Labeling Setup"选项卡，只需在左侧列表中选择第九项"Custom template"即可，如图 3-18 所示。

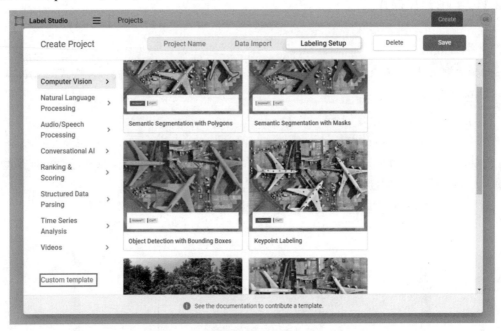

图 3-18　选择任务

打开标签设置页面后，选择"Code"选项卡，在命令编辑文本框中输入命令，如图 3-19 所示。

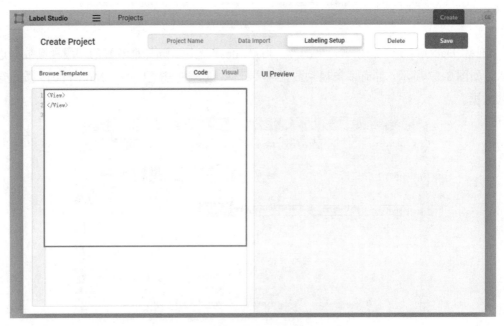

图 3-19　在命令编辑文本框中输入命令

命令如下。

```
<View>
    <Header value="视频跨帧追踪标注"/>
        <Video name="video" value="$video_url" />
        <VideoRectangle  name="box" toName="video"/>
        <Labels name="tricks" toName="video" >
            <Label value="wudajing" background="#1BB500"/>
            <Label value="other_participants" background="#FFA91D"/>
            <Label value="staff" background="#358EF3"/>
        </Labels>
    </View>
```

编写代码时，标注员可通过<Label>标签来设置标注项目中需要被标注的物体所属的标签类型；通过<Label>标签的 value 属性来设置每类物体的具体标注值；通过<Label>标签的background 属性来设置每类物体对应的标注框颜色。上述命令中共设置了 3 类标签标注值，分别是"wudajing""other_participants""staff"。标签命令设置页面如图 3-20 所示。

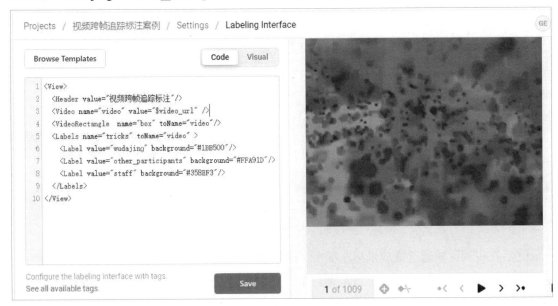

图 3-20　标签命令设置页面

单击"Save"按钮保存项目，保存后的任务列表页面如图 3-21 所示。

3）标注第一帧数据

在任务列表中单击待标注任务的任意位置，打开视频标注页面。在帧状态栏下方选中"wudajing"标签，这时标签颜色发生变化，如图 3-22 所示。

图 3-21　保存后的任务列表页面

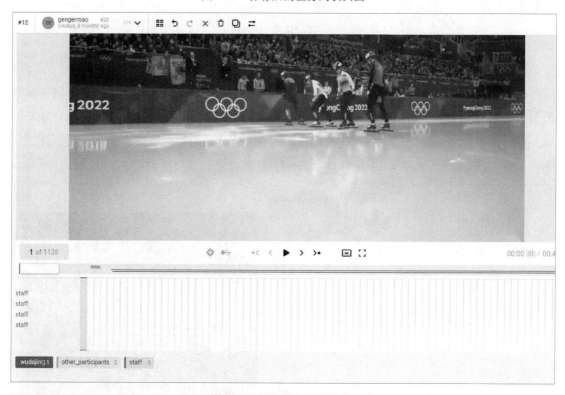

图 3-22　标签颜色发生变化

　　之后在视频区域通过拖放鼠标左键在"武大靖"人物周围绘制标注框，如图 3-23 所示。如果需要调整标注框的大小或位置，则选中标注框并通过鼠标左键进行放大、缩小或位置移动。此处追踪对象为"武大靖"，不再标注其他对象。如需标注多个对象，则可选中其他标签，重复上述操作，在追踪对象周围绘制标注框。注意不同追踪对象的标注框颜色一般不同，若出现灰色标注框则表示在未选中标签的情况下直接绘制标注框。

　　4）标注其他帧数据

　　第一帧数据标注完成后，单击下一帧按钮 ⟩ 查看视频的下一帧画面，发现标注框依然存在。此时只需根据标注对象的实际位置与标注框位置的相对关系重新调整标注框的位置与大小即可。如果基本吻合，则可不做调整。重复此项操作，直至所有帧标注完成。

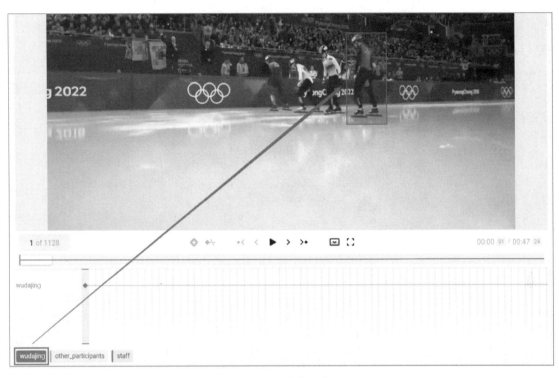

图 3-23　绘制标注框

标注完成后可以在帧状态栏发现，凡是标注框位置被重新调整过的帧，帧状态栏中对应帧的位置都标有实心小菱形，如图 3-24 所示。这样的帧也被称为关键帧。

图 3-24　对应帧的位置标有实心小菱形

当视频帧中出现其他标注对象时，选中下方的对应标签，在视频区域绘制该对象的标注框，如图 3-25 所示。此时视频画面中出现了工作人员，选中"staff"标签，对两位工作人员进行标注，并在之后的视频帧中及时调整标注框的位置和大小。

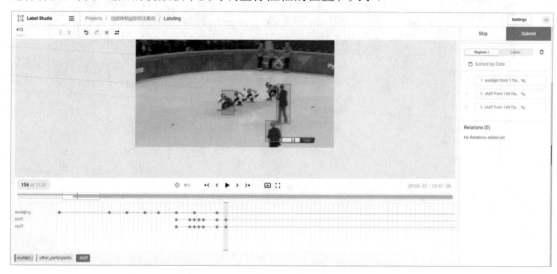

图 3-25　绘制其他标注对象的标注框

此外还有一种特殊情况需要注意，如果标注对象消失，则应在对应帧中删除标注框。删除方法是先在视频区域下方的帧状态栏中选中对象消失的帧，再单击删除按钮 ，如图 3-26 所示。

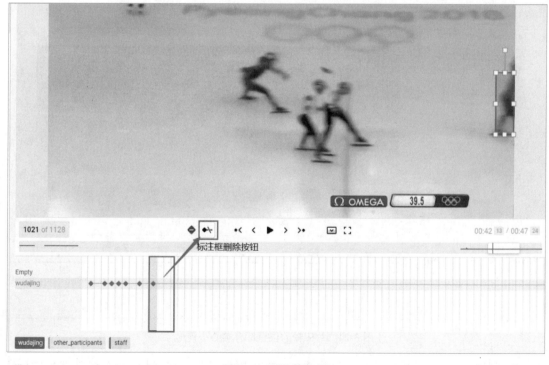

图 3-26　删除标注框

5）查验标注效果

所有帧都标注完成后，单击播放按钮▶，从头开始播放视频。注意观察播放过程中标注框的位置是否与标注对象的位置相吻合。如果发现部分帧中标注对象和标注框位置之间的误差较大，则需跳转到对应帧重新调整标注框的位置。标注完成后，单击"Submit"按钮提交。

6）导出结果

返回任务列表页面，勾选待导出记录对应的复选框，如图 3-27 所示。单击"Export"按钮，打开文件导出页面。

图 3-27　勾选待导出记录对应的复选框

先在文件导出页面中选中"JSON-MIN"单选按钮，再单击"Export"按钮，开始导出文件到本地，如图 3-28 所示。

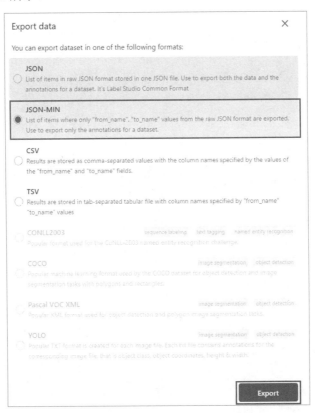

图 3-28　导出文件到本地

7）展示结果

导出结果为 JSON 文件，中间部分标注结果已省略，相关命令如下。

```
[
  {
    "video_url": "/data/upload/60/b5cf435f-%E6%AD%A6%E5%A4%A7%E9%9D%96%
E5%8F%82%E8%B5%9B.mp4",
    "id": 12,
    "box": [
      {
        "framesCount": 1128,
        "duration": 46.976,
        "sequence": [
          {
            "frame": 1,
            "enabled": true,
            "rotation": 0,
            "x": 64.52074391988555,
            "y": 28.195835320298833,
            "width": 7.868383404864095,
            "height": 30.677952630742332,
            "time": 0.041666666666666664
          },
          {
            "frame": 14,
            "enabled": true,
            "rotation": 0,
            "x": 65.52217453505006,
            "y": 27.688761723096484,
            "width": 7.868383404864096,
            "height": 30.677952630742332,
            "time": 0.5833333333333334
          },
          …
      …
    "annotator": 1,
    "annotation_id": 20,
    "created_at": "2022-07-08T09:56:48.193956Z",
    "updated_at": "2022-07-08T09:56:48.193956Z",
```

```
      "lead_time": 2100.929
    }
  ]
```

3.2.4　动手实践

首先，在任务列表页面中单击"Import"按钮，导入本书配套数字化资源中的视频文件vot01.mp4～vot03.mp4；然后，通过邮箱邀请组员加入该项目，继续标注，并导出标注结果；最后，组员之间彼此检查合格率并填写验收信息表，如表 3-1 所示。

标注要求如下。

（1）在 vot01.mp4 中对猎豹进行视频跨帧追踪标注。

（2）在 vot02.mp4 中对电动自行车进行视频跨帧追踪标注。

（3）在 vot03.mp4 中对神舟十四号飞船进行视频跨帧追踪标注。

验收要求如下。

（1）在 vot01.mp4 中，标注框与猎豹实际位置的重合度大于 75%的视频帧不少于 200 帧。

（2）在 vot02.mp4 中，标注框与电动自行车实际位置的重合度大于 75%的视频帧不少于 150 帧，标注的电动自行车不少于两辆。

（3）在 vot03.mp4 中，标注框与神舟十四号飞船实际位置的重合度大于 75%的视频帧不少于 200 帧。

表 3-1　验收信息表

验收信息		
验收总量		验收不合格数量
验收员		验收合格率
验收时间		
备注		

小　　结

本章主要介绍了两部分内容，包括视频分类标注和视频跨帧追踪标注。通过本章内容，主要完成了以下教学目标。

知识目标：

（1）熟悉常见的视频标注任务。

（2）熟悉视频标注的相关概念和指标。

（3）熟悉视频标注过程中的常见要求。

（4）了解标注员的相关职业素养。

能力目标：

（1）能够完成常见的视频标注任务。

（2）能够配合完成常见的视频标注质量检测任务。

（3）能够组建团队，落实视频标注目标和相关计划。

思政目标：

（1）培养业精于勤、一丝不苟的工匠精神。

（2）感受中国人工智能产业的蓬勃发展。

（3）领略中国新时代体育事业的发展与体育精神。

（4）强化严谨务实的工作态度。

（5）培养团结协作的团队精神。

课后习题

一、选择题

（1）下列属于视频数据导入格式的是（　　　）。

    A．JSON   B．MP3   C．MP4   D．WAV

（2）视频跨帧追踪标注中的关键帧是（　　　）。

    A．被标注对象的起始位置帧   B．被标注对象的终止位置帧

    C．被标注对象的位置变化帧   D．被标注对象的出现位置帧

（3）视频跨帧追踪标注任务中的<Label>标签通过（　　　）属性关联标签和视频。

    A．name   B．toName   C．value   D．background

二、简答题

（1）视频分类标注的内容是什么？

（2）列举视频跨帧追踪的应用场景。

（3）列举 Label Studio 中常见视频标注对应的任务类型。

三、实践题

尝试使用 Label Studio 完成一个未在本书中讲解的视频跨帧追踪标注任务，完成数据收集、标注，以及文件导出全过程，并填写记录表。

第4章

自然语言标注项目

> "人人心中都有一架衡量语言的天平。"
>
> ——艾青

4.1 命名实体识别标注任务

4.1.1 相关基础知识

命名实体识别（Named Entity Recognition，NER）是自然语言处理（Natural Language Processing，NLP）中一项非常基础的任务。从自然语言处理的流程来看，命名实体识别可以被视作词法分析中未登录词识别的一种，是未登录词中数量非常多、识别难度非常大、对分词效果影响显著的一种类型。同时，命名实体识别也是关系抽取、事件抽取、知识图谱、机器翻译、问答系统等诸多自然语言处理任务的基础。

命名实体一般是指文本中具有特定意义或者指代性比较强的实体，通常包括人名、地名、组织机构名、日期、专有名词等。实体这一概念所涉范围很广，只要是业务需要的特殊文本片段，一般都可以被视作实体。例如，"人名"是一种概念，或者说是一种实体类型，而"雷锋"是一种"人名"实体；"时间"是一种实体类型，而"中秋节"是一种"时间"实体。

学术上命名实体识别涉及的命名实体一般包括三大类（实体类、时间类、数字类）和多个小类，常见类型如表 4-1 所示。

表 4-1　命名实体的常见类型

类型	说明
PERSON[PER]	人物、人名

类型	说明
ORG	组织
GPE	乡村、城市、国家
LOC	非 GPE 的位置地址
NORP	国籍、宗教或政治团体
FACILITY	建筑
EVENT	运动赛事、战争等
PRODUCT	产品
DATE	日期
TIME	时间
MONEY	金钱
ORDINAL	序号
QUANTITY	数量

命名实体识别过程其实就是将想要获取的实体类型文本从文本中挑选出来的过程。过程中会为文本添加标签，一般采用 PER、ORG 和 LOC 等特殊字符，分别标注人物、组织和位置等文本内容。

4.1.2　典型应用场景

中医药领域研究人员广泛应用深度学习等新技术开展研究工作，而中医典籍文本又是中医药研究的重要组成部分之一。近年来，随着中医典籍数字化研究的不断深入，如何让计算机识别、理解中医典籍文本内容成为中医药领域数据处理的难题，这也是中医典籍数字化知识挖掘工作进一步深入开展的重点。随着自然语言处理技术的发展，命名实体识别技术被引入中医典籍文本研究中。中医典籍是中医知识图谱的重要来源，从中医典籍中抽取知识是中医知识图谱规模化和知识全面化发展的必然要求。作为一种非结构化的自然语言，中医典籍在文法和词法上与白话语言多有不同。经观察发现，中医典籍中有很多生僻词，且语法与现在的普通汉语有极大的不同，分词困难。此外，中医方剂往往参照其主药命名，命名实体间易存在嵌套关系，如《备急千金要方》中的"泽兰汤"与"泽兰"、"半夏补心汤"与"半夏"等。另外，不同医书对中医内容的阐述习惯不同，没有统一的标准。宋刻《备急千金要方》的影像图片如图 4-1 所示。

目前，虽然深度学习模型能够更好地完成识别任务，但是中文命名实体的识别难度要高于英文。英文文本的首字母需要大写，且单词之间有空格，实体边界划分明显，只需要确定实体的类别即可。而中文文本本身是没有明显边界划分的，只能通过逗号、句号划分句子，一方面需要确定实体的边界，另一方面需要识别实体的类别，这些问题导致中文文本在命名实体识别时比英文要更加复杂。

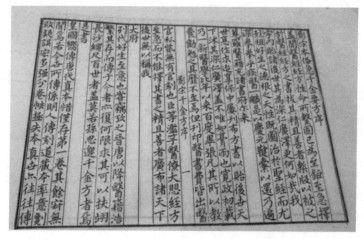

图 4-1　宋刻《备急千金要方》的影像图片

深度学习中的长短时记忆神经网络模型（Long Short-Term Memory，LSTM）具有无监督、自动学习的能力，不依赖特征工程，减少了传统统计方法对特征的人工制定。在中医典籍研究领域，研究人员利用 LSTM 模型识别中医典籍中的中药、方剂、疾病、症状等实体及有意义的实体关系，取得了丰硕的成果。

2019 年，百度基于自己的深度学习框架构建了 ERNIE 模型，它是在 BERT 预训练模型的基础上产生的另一个通过多任务学习方式充分捕捉语料信息的优化模型。2020 年，研究人员张晓等在研究中引入 ERNIE 模型，结合深度学习，利用多任务学习语义知识对大规模语料进行建模，所得 F1 值达到了 94.46%。

虽然随着模型规模和复杂程度的增加，命名实体识别的效果越来越好。但研究人员通过总结发现，无论是基于规则词典、机器学习，还是基于深度学习，命名实体识别都依赖已经标注好的训练数据，而这无疑对相关任务的标注样本提出了更高的要求和挑战。

4.1.3　数据标注方式

命名实体识别是一种序列标注问题，数据标注方式按照序列标注问题的方式，目前主要分为 BIO 和 BIOES 两种类型。这里主要介绍 BIOES，如表 4-2 所示。

表 4-2　BIOES 含义

类型	说明
B	Begin，代表实体片段的开始
I	Inside，代表实体片段的中间

续表

类型	说明
O	Outside，代表字符不为任何实体
E	End，代表实体片段的结束
S	Single，代表实体片段为单个字符

完成命名实体识别的过程，其实就是根据输入的句子，预测标注序列的过程。

【例 1】在文本中标注主要实体。

小明在北京大学的燕园看了一场中国男篮的比赛。

对 "小明" 以 PER 实体类型、"北京大学" 以 ORG 实体类型、"燕园" 以 LOC 实体类型、"中国男篮" 以 ORG 实体类型分别进行标注，经过整理得到以下结果。

```
[B-PER,E-PER,O, B-ORG,I-ORG,I-ORG,E-ORG,O,B-LOC,E-LOC,O,O,B-ORG,I-ORG,
I-ORG,E-ORG,O,O,O,O,O]
```

4.1.4　实践标注操作

1）准备数据

准备一个文本文件 demo.txt，使用 UTF-8 without BOM 编码编辑如下内容。

小明在北京大学的燕园看了一场中国男篮的比赛。

编辑结束后，按回车键并保存文件。

2）创建项目

启动 Label Studio，命令如下。

```
label-studio start
```

在系统首页单击 "Create Project" 按钮创建项目，如图 4-2 所示。

图 4-2　创建项目

在打开的页面中选择"Project Name"选项卡，命名项目为"命名实体识别 Demo"，如图 4-3 所示。

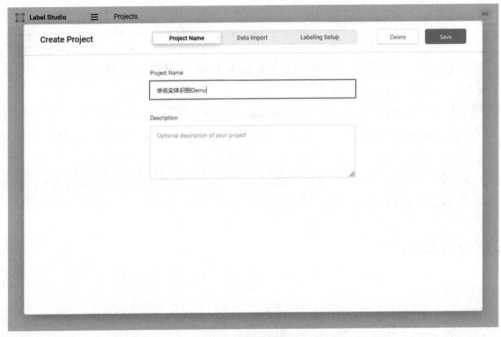

图 4-3　命名项目

选择"Data Import"选项卡，单击"Upload Files"按钮，选择准备好的文本文件 demo.txt 进行导入，如图 4-4 所示。

图 4-4　导入文本文件

导入文本文件后，在"Upload More Files"按钮的右侧会出现"Treat CSV/TSV as"单选框，选中"List of tasks"单选按钮，如图 4-5 所示。

图 4-5　选中"List of tasks"单选按钮

选择"Labeling Setup"选项卡，先选择第二项"Natural Language Processing"，再选择第三个任务"Named Entity Recognition"，如图 4-6 所示。

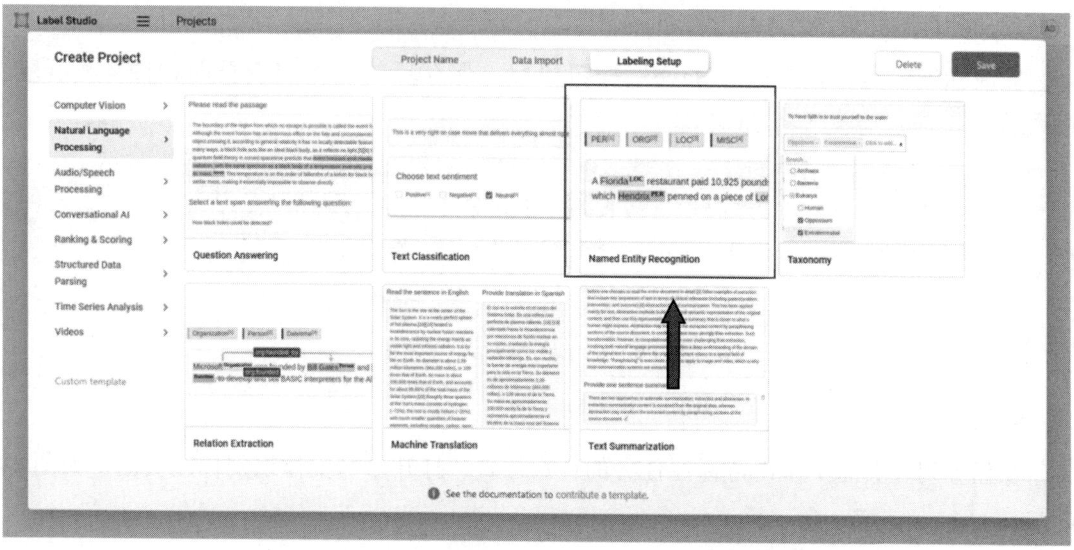

图 4-6　选择任务

在标签设置页面（见图 4-7）中设置标签。

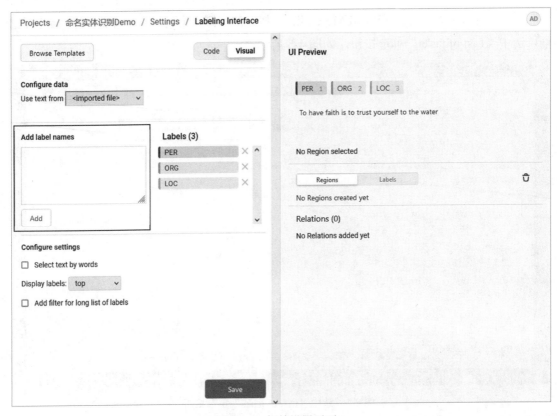

图 4-7　标签设置页面

单击"Labels"列表中的删除按钮 ⊠，删除无用标签；在"Add label names"文本框中输入要添加的标签并单击"Add"按钮保存。

完成标签设置后，单击"Save"按钮保存，保存后的任务列表页面如图 4-8 所示。

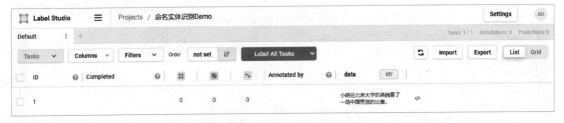

图 4-8　保存后的任务列表页面

3）开始标注

在任务列表页面中单击待标注任务的任意位置，打开命名实体识别标注页面，如图 4-9 所示。

在标注时，首先选中对应标签，然后在文本中选中相关实体。例如，先选中"PER"标签，再在文本中选中"小明"。此时，页面右侧列表中会显示标注的内容。

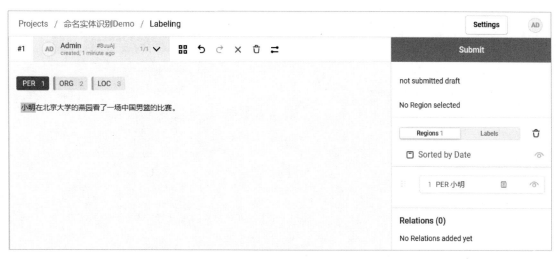

图 4-9　命名实体识别标注页面

　　一般在每次标注完一个词语后，都需要重新选中标签，才能开始新的标注。为了加快标注速度，可以通过相应设置使所选标签固定，这样可以连续、多次标注，提高标注效率。具体操作如下。

　　在实体标注页面单击工具栏中的设置按钮 ⇄，打开标注设置页面，如图 4-10 所示。

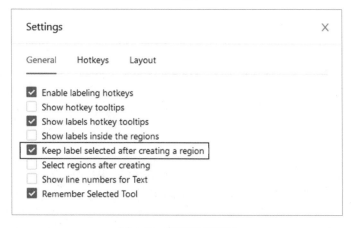

图 4-10　标注设置页面

　　勾选 "Keep label selected after creating a region" 复选框，即可保持被选中的标签不改变，后续可进行连续、多次的文本标注。

　　标注完 "小明" 之后，按照相似步骤继续操作，直到完成所有的实体标注操作，标注结果如图 4-11 所示。

　　标注完成后，单击 "Submit" 按钮提交，按钮文字由 "Submit" 切换为 "Update"，如图 4-12 所示。

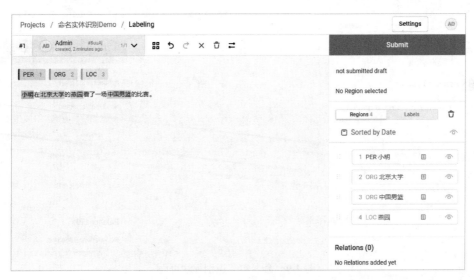

图 4-11　标注结果

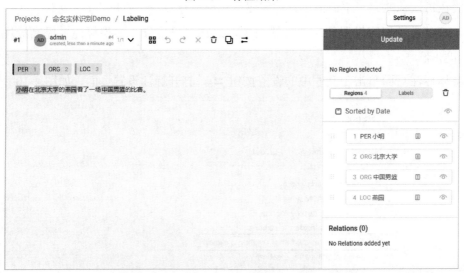

图 4-12　按钮文字由"Submit"切换为"Update"

4）导出结果

返回任务列表页面，第二列（"Completed"列）显示了任务的标注时间。勾选待导出记录对应的复选框，如图 4-13 所示。

图 4-13　勾选待导出记录对应的复选框

单击"Export"按钮，在文件导出页面中选中"CSV"单选按钮，如图 4-14 所示。

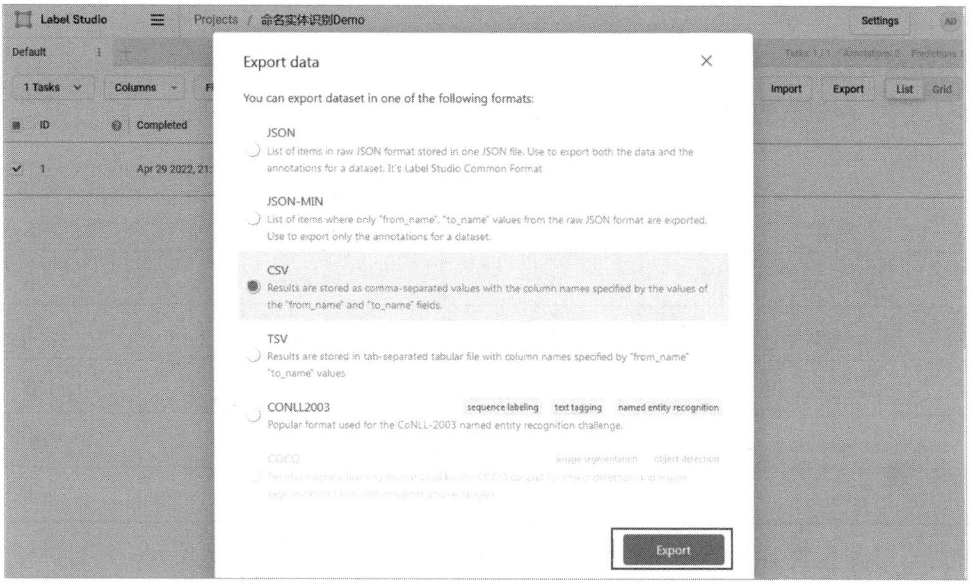

图 4-14　选中"CSV"单选按钮

单击"Export"按钮，开始导出文件到本地。

5）展示结果

导出结果为 CSV 文件，相关命令如下。

```
text,id,label,annotator,annotation_id,created_at,updated_at,lead_time
小明在北京大学的燕园看了一场中国男篮的比赛。,1,"[{""start"": 1, ""end"": 3,
""text"": ""小明"", ""labels"": [""PER""]}, {""start"": 4, ""end"": 8,
""text"": ""北京大学"", ""labels"": [""ORG""]}, {""start"": 13, ""end"": 17,
""text"": ""中国男篮"", ""labels"": [""ORG""]}, {""start"": 9, ""end"": 11,
""text"": ""燕园"", ""labels"": [""LOC""]}]",1,4,2022-04-
29T13:15:08.415121Z,2022-04-29T13:15:08. 415121Z,905.472
```

由于很多任务采用特定标注格式，因此可采用本书配套脚本转换 CSV 文件为如下格式，
具体代码请参看本书配套数字化资源。

```
[B-PER,E-PER,O,B-ORG,M-ORG,M-ORG,E-ORG,O,B-LOC,E-LOC,O,O,B-ORG,M-ORG,M-
ORG,E-ORG,O,O,O,O,O
```

4.1.5　动手实践

1）个人实践

按照前文叙述过程，完成如下文本的数据制作、导入、标注和导出。

我爱北京天安门。

127

结果参考如下。

```
[B-PER,O,B-LOC,I-LOC,I-LOC,I-LOC,E-LOC]
```

2）小组实践

两人分组完成练习，标注需要建立实体标签，实体类型如表 4-3 所示。

表 4-3　实体类型

标签	含义	标签	含义
organization	组织	name	人名
address	地址	company	公司
government	政府	book	书籍
game	游戏	movie	电影
position	职位	scene	景点

使用本书配套数字化资源中的文本文件 entity.txt，先将其导入自建项目，然后进行表 4-3 所示的实体类型标注。

标注完成后，请组内另外一名成员作为验收员进行验收，并填写验收信息表，如表 4-4 所示。

表 4-4　验收信息表

验收信息			
验收总量		验收不合格数量	
验收员		验收合格率	
验收时间			
备注			

4.2　文本分类标注任务

4.2.1　相关基础知识

文本分类，又被称为文档分类，是自然语言处理任务中最基本的任务。简单来讲，文本分类就是将给定文本分类为既定 n 个类别中的一个或多个。图 4-15 所示为文本分类示例。

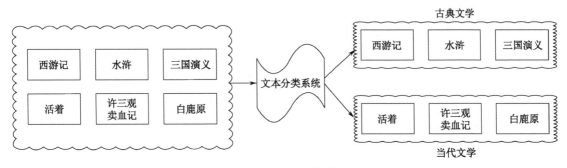

图 4-15　文本分类示例

图 4-16 中共有 6 份文本，文本分类系统根据给定的标签，即"古典文学"和"当代文学"，将 6 份文本划分到对应的标签属类中。一般根据文本长度，可将文本分类分为长文本分类和短文本分类；根据标签类别的个数，可将文本分类分为二分类和多分类；根据实现算法，可将文本分类分为基于传统机器学习的文本分类和基于深度学习的文本分类。

文本分类的核心是找到一个有效的映射函数，准确地实现文本域到分类的映射，这个映射函数实际上就是通常所说的分类器。文本分类最早通过专家规则进行分类，利用知识工程建立专家系统，但覆盖的范围和准确率都有限。后来伴随着统计学习方法的发展，特别是 20世纪 90 年代以后互联网在线文本数量的增长和机器学习学科的兴起，文本分类逐渐采用基于浅层分类模型（具有特征工程的特点）的方法，其文本分类过程如图 4-16 所示。

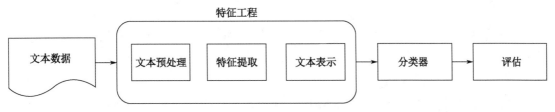

图 4-16　基于浅层分类模型的文本分类过程

自 2014 年起，卷积神经网络（Convolutional Neural Network，CNN）方法开始应用于自然语言处理领域，之后深度学习方法在该领域的应用越发广泛。前馈神经网络和递归神经网络是应用于文本分类任务的两种深度学习方法，与浅层学习模型相比，它们可以提高文本分类性能。随着深度学习方法的不断发展，通过改进卷积神经网络、循环神经网络和注意力，或采用模型融合和多任务方法等，文本分类的性能得到了不断的提高。

4.2.2　典型应用场景

目前，文本分类在多种常见场景中均有应用，包括情感分析、话题标记、意图识别、新闻分类、问答匹配、对话行为分类、自然语言推理、关系分类和事件预测等。文本分类的常见应用场景如表 4-5 所示。

表 4-5 文本分类的常见应用场景

场景	典型例子
情感分析	文本：领导指着小张问："你认识我吗？" 问题：领导是否高兴？ 方法：可以设置"高兴"和"不高兴"两种标签，构建模型进行判断
意图识别	文本：教师拿着粉笔，走上讲台。 问题：教师想干什么？ 方法：整理教师的常见意图，如"讲课"和"准备下课"，构建模型进行判断
问答匹配	文本：强敌当前，毛主席发表《论持久战》。 问题：《论持久战》的作者是谁？ 方法：划分两个阶段，第一个阶段识别文本中的所有人名，第二个阶段构建模型进行判断

文心（ERNIE）是依托百度深度学习平台飞桨打造的语义理解技术与平台，集先进的预训练模型、全面的自然语言处理算法集、端到端开发套件和平台化服务于一体。文心使用高精度文本分类算法，可以达到 90%以上的准确率。文心模型架构如图 4-17 所示。

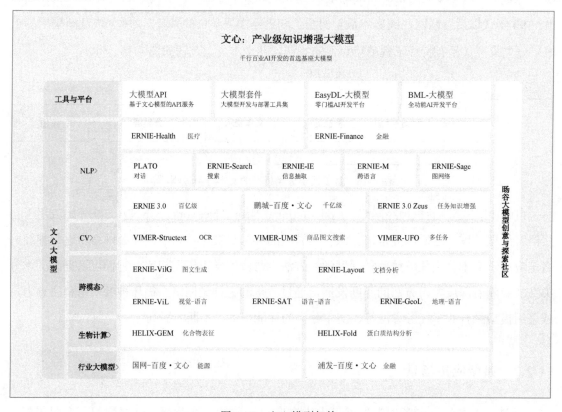

图 4-17 文心模型架构

4.2.3　数据标注方式

1）确定任务类型

任务类型会影响标注标签的已选择数量，需要明确文本分类任务是单标签任务还是多标签任务。例如，新闻文本分类单标签标注任务如下。

【例 2】某新闻文本分类标注任务。

> 中国共产党第二十次全国代表大会，是在全党全国各族人民迈上全面建设社会主义现代化国家新征程、向第二个百年奋斗目标进军的关键时刻召开的一次十分重要的大会。大会的主题是：高举中国特色社会主义伟大旗帜，全面贯彻新时代中国特色社会主义思想，弘扬伟大建党精神，自信自强、守正创新，踔厉奋发、勇毅前行，为全面建设社会主义现代化国家、全面推进中华民族伟大复兴而团结奋斗。

2）定义标签

根据任务类型，确定标签类型。【例 2】的预定义标签如下。

> '娱乐','体育','教育','时政','科技','房产','社会','股票','财经','家居','游戏','时尚','彩票','星座'

3）标注分类

进行标注，并按指定格式输入标注结果。例如，采用 TXT 文件，在原文本和标注标签之间采用制表符进行间隔。

> 中国共产党第二十次全国代表大会，是在全党全国各族人民迈上全面建设社会主义现代化国家新征程、向第二个百年奋斗目标进军的关键时刻召开的一次十分重要的大会。大会的主题是：高举中国特色社会主义伟大旗帜，全面贯彻新时代中国特色社会主义思想，弘扬伟大建党精神，自信自强、守正创新，踔厉奋发、勇毅前行，为全面建设社会主义现代化国家、全面推进中华民族伟大复兴而团结奋斗。
> {TAB}时政

在以上标注中，{TAB}表示制表符。

4.2.4　实践标注操作

1）准备数据

准备一个文本文件 demo.txt，使用 UTF-8 without BOM 编码输入如下内容。

> 中国共产党第二十次全国代表大会，是在全党全国各族人民迈上全面建设社会主义现代化国家新征程、向第二个百年奋斗目标进军的关键时刻召开的一次十分重要的大会。大会的主题是：高举中国特色社会主义伟大旗帜，全面贯彻新时代中国特色社会主义思想，弘扬伟大建党精神，自信自强、守正创新，踔厉奋发、勇毅前行，为全面建设社会主义现代化国家、全面推进中华民族伟大复兴而团结奋斗。

需要注意的是，新闻标题与正文部分不应出现换行符。编辑结束后，按回车键并保存文件。

2）创建项目

启动 Label Studio，在系统首页单击"Create Project"按钮，在打开的页面中选择"Project Name"选项卡，命名项目为"文本分类 Demo"，如图 4-18 所示。

图 4-18　创建项目

选择"Data Import"选项卡，单击"Upload Files"按钮，选择准备好的文本文件 demo.txt 进行导入。在"Treat CSV/TSV as"单选框中选中"List of tasks"单选按钮，如图 4-19 所示。

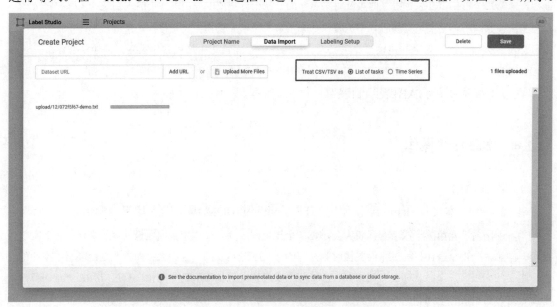

图 4-19　选中"List of tasks"单选按钮

选择"Labeling Setup"选项卡，先选择第二项"Natural Language Processing"，再选择第二个任务"Text Classification"，如图 4-20 所示。

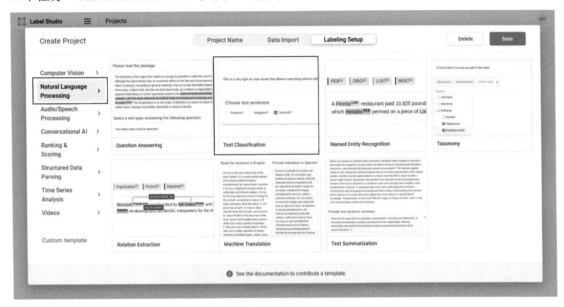

图 4-20　选择任务

选择任务后，打开标签设置页面，如图 4-21 所示。

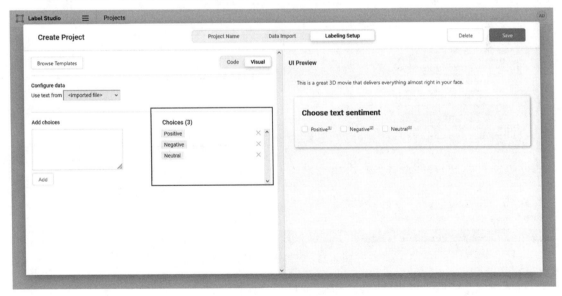

图 4-21　标签设置页面

单击"Choices"列表中的删除按钮×，删除默认标签；在"Add choices"文本框中输入要添加的标签，如图 4-22 所示。

图 4-22　设置标签

为了加快标签设置速度，可以选择"Code"选项卡，打开标签命令设置页面（见图 4-23），执行复制操作。

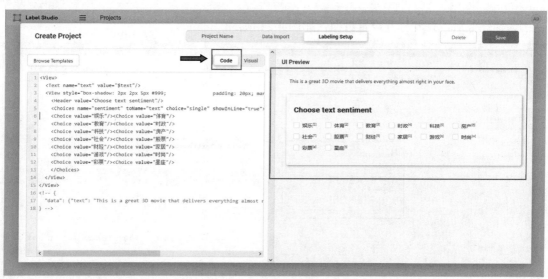

图 4-23　标签命令设置页面

标签设置完成后，单击"Save"按钮完成项目保存。

3）开始标注

在保存后的任务列表页面（见图 4-24）中单击待标注任务的任意位置，打开文本分类标注页面，如图 4-25 所示。

图 4-24　保存后的任务列表页面

图 4-25　文本分类标注页面

在文本分类标注页面的可选标签中，勾选"时政"复选框。

选择完成后，单击"Submit"按钮提交。

4）导出结果

返回任务列表页面，在已经标注的记录中，第三列从开始的"0"变为"1"，表示已经完成标注。勾选待导出记录对应的复选框，导出标注结果，如图 4-26 所示。

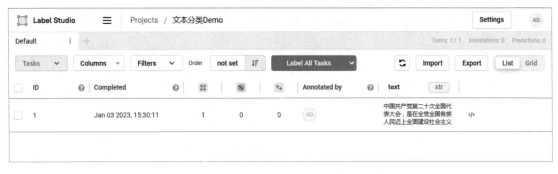

图 4-26　勾选待导出记录对应的复选框

单击"Export"按钮，打开文件导出页面，如图 4-27 所示。

选中"JSON"单选按钮，单击"Export"按钮，开始导出文件到本地。

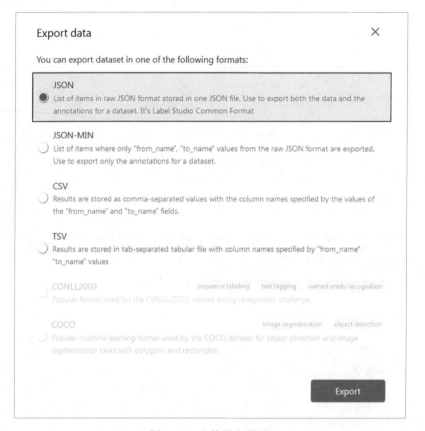

图 4-27　文件导出页面

5）展示结果

导出结果为 JSON 文件，相关命令如下。

```
[
  {
    "id": 1,
    "annotations": [
      {
        "id": 362,
        "completed_by": 1,
        "result": [
          {
            "value": {
              "choices": [
                "时政"
              ]
            },
            "id": "sNeyIVQ-Z0",
```

```
                        "from_name": "sentiment",
                        "to_name": "text",
                        "type": "choices",
                        "origin": "manual"
                    }
                ],
                "was_cancelled": false,
                "ground_truth": false,
                "created_at": "2023-01-03T07:30:11.682503Z",
                "updated_at": "2023-01-03T07:30:25.244060Z",
                "lead_time": 1157.118,
                "prediction": {},
                "result_count": 0,
                "task": 1,
                "parent_prediction": null,
                "parent_annotation": null
            }
        ],
        "file_upload": "44102e6d-demo.txt",
        "drafts": [],
        "predictions": [],
        "data": {
            "text": "中国共产党第二十次全国代表大会，是在全党全国各族人民迈上全面建
设社会主义现代化国家新征程、向第二个百年奋斗目标进军的关键时刻召开的一次十分重要的大会。大会
的主题是：高举中国特色社会主义伟大旗帜，全面贯彻新时代中国特色社会主义思想，弘扬伟大建党精
神，自信自强、守正创新，踔厉奋发、勇毅前行，为全面建设社会主义现代化国家、全面推进中华民族伟
大复兴而团结奋斗。"
        },
        "meta": {},
        "created_at": "2023-01-03T07:16:45.439802Z",
        "updated_at": "2023-01-03T07:30:25.281560Z",
        "project": 130
    }
]
```

很多情况下需要适配训练模型所选文件格式，如前文所示文件格式。可以使用本书配套数字化资源中的配套脚本，将结果转换为前面介绍的通用格式。执行后可以得到如下结果。

中国共产党第二十次全国代表大会，是在全党全国各族人民迈上全面建设社会主义现代化国家新征程、向第二个百年奋斗目标进军的关键时刻召开的一次十分重要的大会。大会的主题是：高举中国特色社会主义伟大旗帜，全面贯彻新时代中国特色社会主义思想，弘扬伟大建党精神，自信自强、守正创新，踔厉奋发、勇毅前行，为全面建设社会主义现代化国家、全面推进中华民族伟大复兴而团结奋斗。　时政

4.2.5　动手实践

1）个人实践

创建项目并导入本书配套数字化资源中的文本文件 part1.txt，按照如下标签进行单标签标注。

> '娱乐','体育','教育','时政','科技','房产','社会','股票','财经','家居','游戏','时尚','彩票','星座'

2）分组实践

针对上述项目，在任务列表页面中单击"Import"按钮，在打开的页面中继续导入本书配套数字化资源中的文本文件 part2.txt，如图 4-29 所示。通过邮箱邀请组内另外一名成员加入该项目并继续标注。

图 4-28　继续导入文本文件

导出标注结果，组员之间彼此检查合格率并填写验收信息表，如表 4-6 所示。

表 4-6　验收信息表

验收信息			
验收总量		验收不合格数量	
验收员		验收合格率	
验收时间			
备注			

4.3　文本关系抽取标注任务

4.3.1　相关基础知识

关系抽取与信息抽取有密切的联系。信息抽取（Information Extraction，IE）是指从自然语言文本中抽取特定的事件或事实信息。这些信息通常包括实体（Entity）、关系（Relation）、事件（Event）。例如，从新闻中抽取时间、地点、关键人物，或者从技术文本中抽取产品名称、开发时间、性能指标等。在实际操作中，信息抽取包括 3 项子任务。

- 关系抽取：抽取文本中包含的实体间的关系，构成三元组。
- 实体抽取：命名实体识别。
- 事件抽取：一种多元关系的抽取。

关系抽取主要负责从无结构文本中识别出实体，并抽取实体之间的语义关系。完整的关系抽取包括实体抽取和关系分类两个子过程。实体抽取即命名实体识别，对句子中的实体进行检测和分类；关系分类则是对给定句子中两个实体之间的语义关系进行判断，属于多类别分类问题。

关系抽取的结果是得到三元组。三元组由 3 个部分组成，分别为句子的主语（Subject）、谓语（Predicate）和宾语（Object）。三元组的命名取 3 个组成部分的英文单词首字母，所以又被称为 SPO 三元组。

【例 3】文本关系抽取。

　　天津地处华北地区。

关系抽取首先通过实体抽取检测出这句话中包括"天津"和"华北地区"两个实体；然后通过关系分类判断出这句话中的"天津"和"华北地区"两个实体存在"地处"关系。

由于在关系抽取的过程中，多数方法都默认实体信息是给定的，因此关系抽取可以被视作分类问题。

按照实体关系的重叠类型，关系抽取又可以被划分为 3 个子类型，如表 4-7 所示。

表 4-7　关系抽取的子类型

重叠类型	含义
Normal	实体间只存在一种关系
EPO	实体间存在不止一种关系
SEO	实体中只有一个实体与另外多个实体存在关系，其他实体与此实体是单一关系

【例 4】判断文本中实体关系的重叠类型（1）。

　　天津地处华北地区。

因为文本中只存在一种实体关系，为（天津，地处，华北地区），所以实体关系的重叠类型为 Normal。其中"天津"为主语，"地处"为谓语，而"华北地区"为宾语。

【例 5】判断文本中实体关系的重叠类型（2）。

　　蒲松龄收集并编写了《聊斋志异》中的故事。

此文本中存在两个实体，分别为"蒲松龄"和"《聊斋志异》"。但在两个实体之间存在两个谓词，一个是"收集"，另一个是"编写"。主要实体及其关系如图 4-29 所示。

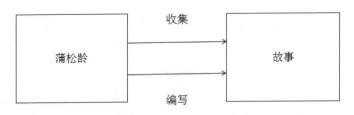

图 4-29　主要实体及其关系

由于（蒲松龄，收集，故事）和（蒲松龄，编写，故事）构成两组三元组，因此实体关系的重叠类型为 EPO。

【例 6】判断文本中实体关系的重叠类型（3）。

海河是华北地区最大的河流，拥有 300 多条长度在 10 千米以上的支流。

此文本中存在 3 个实体，分别为"海河""河流""支流"，其关系如图 4-30 所示。

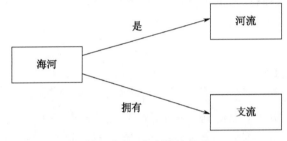

图 4-30　3 个实体的关系

由于实体中只有"海河"分别与"河流""支流"存在关系，而"河流"和"支流"之间不存在关系，因此实体关系的重叠类型为 SEO。

4.3.2　典型应用场景

目前，关系抽取的相关热门应用是构建专有领域的知识图谱。例如，近年来已经有了关于野生动植物保护的相关知识图谱产品。野生动植物保护一直是我国发展中的一个重要主题，也是一项严峻的任务。截至目前，《濒危野生动植物物种国际贸易公约》中已经列出 640 种世界濒危物种，而我国多达 156 种，约占总体的 24%。按照相关学界推演统计，一旦某种物种消失，可能会有 10 种以上和消失物种存在依附关系的物种面临致命威胁。

每年的 10 月 23 日，是"世界雪豹日"。2020 年的这一天，腾讯为推动野生动植物保护，联合世界自然基金会（WWF）推出的"神秘雪豹在哪里"小程序正式上线。依托腾讯云小微的 AI 知识图谱能力，以直观、有趣的方式展示雪豹及动物保护的相关知识，让用户全面了解、认识雪豹，提升保护濒危野生动物的意识。这是腾讯云小微 AI 知识图谱技术在科普领域的一次落地实践。"神秘雪豹在哪里"小程序如图 4-31 所示。

图 4-31　"神秘雪豹在哪里"小程序

在小程序应用中，用户可以通过单击雪豹图片上的不同位置，获得相应的知识点，如雪豹的分布区域、身体结构、成长阶段、生存环境等。另外，小程序中还有"同域物种生物链图谱"，向用户展示了雪豹相关的生物链上各个物种的简要信息，可以帮助用户更好地理解知识全貌。

4.3.3　数据标注方式

关系抽取一般包括如下 3 个步骤。

1）定义实体类别标签和关系标签

特定的关系抽取，一般需要提前定义类别标签和关系标签。例如：

蒲松龄收集并编写了《聊斋志异》中的故事。

根据语义，定义标签，如表 4-8 所示。

表 4-8　定义标签

标签类型	标签
实体标签	PERSON 和 PRODUCT
关系标签	收集和编写

此处实体标签引用了命名实体识别的国际常见实体类型，也可以采用自定义的方式来定义实体标签。完成该步骤后，相当于确定了关系抽取的领域范畴。

2）标注实体

标注实体时，一般选出相关命名实体即可。例如：

{蒲松龄}收集并编写了《聊斋志异》中的{故事}。

上述大括号部分即实体标注结果，实体标签如表 4-9 所示。

表 4-9　实体标签

实体	标签
蒲松龄	PER
故事	PRODUCT

3）标注关系

该步骤利用之前的规则类别在实体间进行标注，形成三元组（蒲松龄，收集，故事）和（蒲松龄，编写，故事），关系标注结果如表 4-10 所示。

表 4-10　关系标注结果

Subject	关系	Object
蒲松龄	收集	故事
蒲松龄	编写	故事

4.3.4　实践标注操作

1）准备数据

准备一个文本文件 demo.txt，使用 UTF-8 without BOM 编码输入如下内容。

蒲松龄收集并编写了《聊斋志异》中的故事。

编辑结束后，按回车键并保存文件。

2）创建项目

启动 Label Studio，在系统首页单击"Create Project"按钮，在打开的页面中选择"Project Name"选项卡，命名项目为"关系提取 Demo"，如图 4-32 所示。

图 4-32　创建项目

选择"Data Import"选项卡，单击"Upload Files"按钮，选择准备好的文本文件 demo.txt 进行导入，如图 4-33 所示。

图 4-33　导入文本文件

导入文本文件后，在"Treat CSV/TSV as"单选框中选中"List of tasks"单选按钮，如图 4-34 所示。

图 4-34　选中"List of tasks"单选按钮

选择"Labeling Setup"选项卡，先选择第二项"Natural Language Processing"，再选择第五个任务"Relation Extraction"，如图 4-35 所示。

图 4-35　选择任务

在标签设置页面（见图4-36）中设置标签。

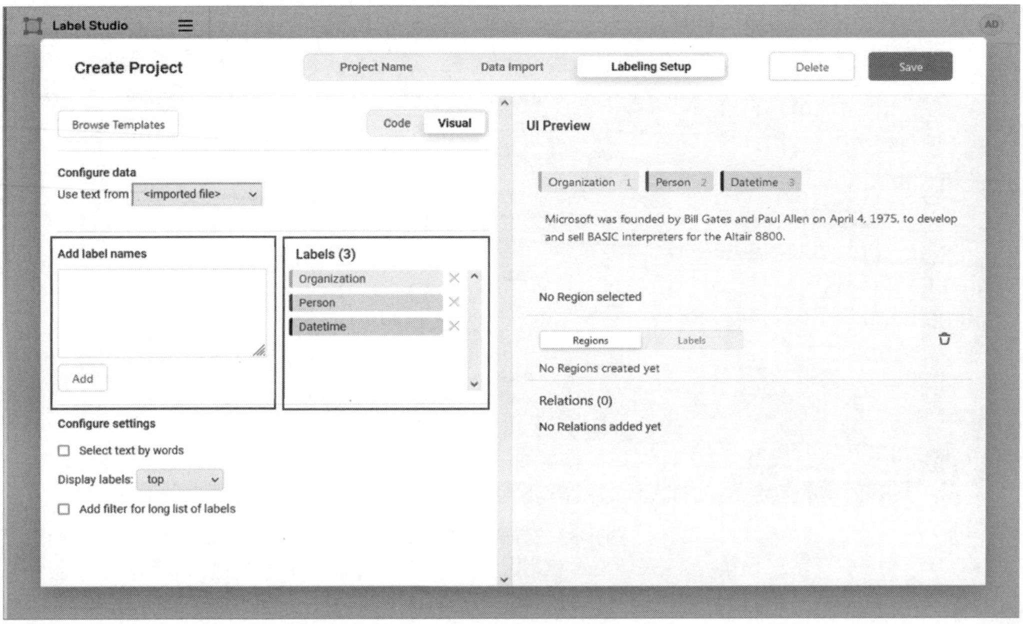

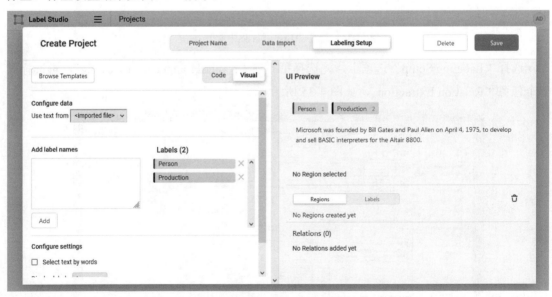

图 4-36　标签设置页面

单击"Labels"列表中的删除按钮☒，删除无用标签。左侧的"Add label names"文本框用于添加新的实体标签，右侧的"Labels"列表用于查看目前已经设置的实体标签并删除无用标签。标签设置结果如图 4-37 所示。

图 4-37　标签设置结果

为了快速完成标签设置，选择"Code"选项卡，可以通过在命令编辑文本框中输入命令来完成关系标签的设置，含有命令编辑文本框的标签命令设置页面如图 4-38 所示。

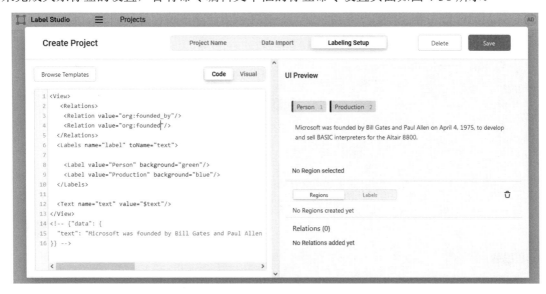

图 4-38　标签命令设置页面

修改文本框中<Relations>标签部分的命令如下。

```
<Relations>
    <Relation value="收集"/>
    <Relation value="编写"/>
</Relations>
```

修改后的标签命令设置页面如图 4-39 所示。

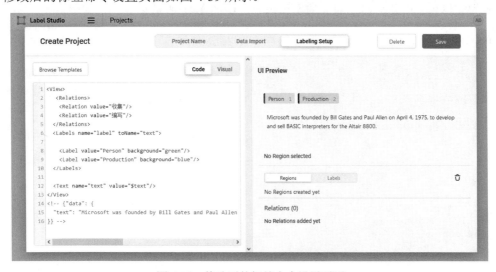

图 4-39　修改后的标签命令设置页面

单击"Save"按钮保存。

3）开始标注

保存后的任务列表页面如图 4-40 所示。在任务列表中单击待标注任务的任意位置，可以打开文本关系抽取标注页面，如图 4-41 所示。

图 4-40　保存后的任务列表页面

图 4-41　文本关系抽取标注页面

在开始文本中实体的标注时，首先选中具体的标签，例如，选中"Person"标签。

然后在文本中选中相应实体，如"蒲松龄"。此时，除了在文本中高亮显示选中的实体，在右侧的实体列表中还会显示对应的实体内容，如图 4-42 所示。

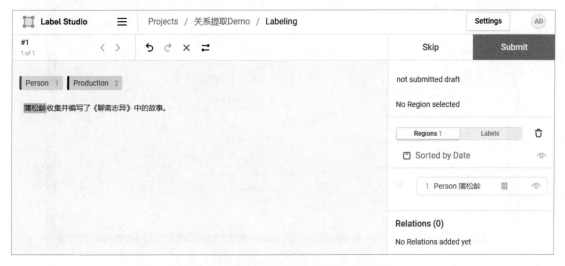

图 4-42　显示选中的实体及对应的实体内容

循环上述操作直到完成所有类型实体的标注操作。

在标注实体关系时，首先在右侧的实体列表中选中某实体内容，如"Person 蒲松龄"；其次单击实体列表上方的连接按钮 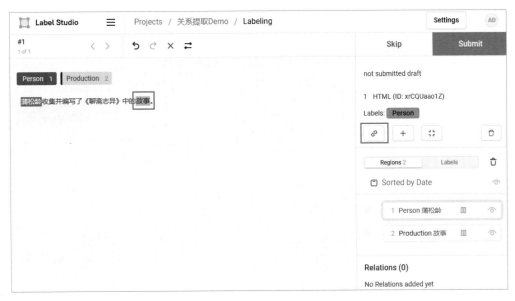，此时鼠标指针样式变为十字形状；最后在文本中选中另外一个实体，如"故事"，如图 4-43 所示。

图 4-43　选中另外一个实体

经过上述操作，将在文本中建立一个有向连接，同时在"Relations"列表中将显示一个连接实例，如图 4-44 所示。

图 4-44　建立有向连接并显示连接实例

单击"Relations"列表中新建的连接旁的关系按钮，设置"收集"标签，添加关系，如图 4-45 所示。

图 4-45　添加关系

继续设置"编写"标签，添加另外一个关系，如图 4-46 所示。

图 4-46　添加另外一个关系

通过标签设置完成两个关系的添加后，单击"Submit"按钮提交。提交后，按钮文字由"Submit"切换为"Update"。此时可再次修改，修改后单击"Update"按钮保存。

4）导出结果

返回任务列表页面，可查看文本关系抽取标注情况。勾选待导出记录对应的复选框，导出标注结果，如图 4-47 所示。

图 4-47　勾选待导出记录对应的复选框

单击"Export"按钮，在文件导出页面中选中"JSON"单选按钮，如图 4-48 所示。

单击"Export"按钮，开始导出文件到本地。

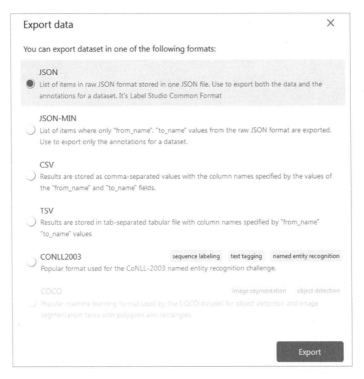

图 4-48 选中"JSON"单选按钮

5）展示结果

导出结果为 JSON 文件，相关命令如下。

```
[
    {
        "id": 1,
        "annotations": [
            {
                "id": 365,
                "completed_by": 1,
                "result": [
                    {
                        "value": {
                            "start": 1,
                            "end": 4,
                            "text": "蒲松龄",
                            "labels": [
                                "Person"
                            ]
                        },
                        "id": "xrCQUaao1Z",
```

```json
                    "from_name": "label",
                    "to_name": "text",
                    "type": "labels",
                    "origin": "manual"
                },
                {
                    "value": {
                        "start": 18,
                        "end": 20,
                        "text": "故事",
                        "labels": [
                            "Production"
                        ]
                    },
                    "id": "Rts64N66sN",
                    "from_name": "label",
                    "to_name": "text",
                    "type": "labels",
                    "origin": "manual"
                },
                {
                    "from_id": "xrCQUaao1Z",
                    "to_id": "Rts64N66sN",
                    "type": "relation",
                    "direction": "right",
                    "labels": [
                        "收集",
                        "编写"
                    ]
                }
            ],
            "was_cancelled": false,
            "ground_truth": false,
            "created_at": "2023-01-06T15:02:36.353088Z",
            "updated_at": "2023-01-06T15:02:36.354088Z",
            "lead_time": 2069.389,
            "prediction": {},
            "result_count": 0,
            "task": 1,
            "parent_prediction": null,
            "parent_annotation": null
        }
```

```
        ],
        "file_upload": "04df48f0-demo.txt",
        "drafts": [],
        "predictions": [],
        "data": {
            "text": "蒲松龄收集并编写了《聊斋志异》中的故事。"
        },
        "meta": {},
        "created_at": "2023-01-06T14:16:44.612739Z",
        "updated_at": "2023-01-06T15:02:36.401090Z",
        "project": 134
    }
]
```

可以使用本书配套数字化资源中的配套脚本，将结果转换为以制表符为信息间隔的指定格式。

4.3.5　动手实践

在给定文本中标注人物之间的关系，其关系如表 4-11 所示。

表 4-11　人物关系

关系	说明
父母	人物间是父子、母子、父女或母女关系
夫妻	人物间是夫妻关系
师生	人物间是师生关系
兄弟姐妹	人物间是兄弟姐妹关系
祖孙	人物间是祖孙关系
亲戚	人物间是除父母、夫妻、兄弟姐妹、祖孙外的亲戚关系
unknown	人物间是除上述关系外的其他关系

导入本书配套数字化资源中的文本文件 extraction.txt，在文本中进行标注，并请组内另外一名成员进行验收。可参考本书配套数字化资源中的配套脚本或自行编写脚本，验收 10 条导出结果，并根据结果填写验收信息表，如表 4-12 所示。

表 4-12　验收信息表

验收信息			
验收总量		验收不合格数量	
验收员		验收合格率	
验收时间			
备注			

4.4　文本摘要标注任务

4.4.1　相关基础知识

自 20 世纪 90 年代以来，随着互联网的快速发展，自动文本摘要的应用价值越来越高。与此同时，深度学习的研究与应用热潮更是为自动文本摘要的研究带来了新的机遇。目前，自动文本摘要的实现方法主要包括抽取式方法、生成式方法及两者结合的方法。

抽取式方法是指从原始文档中提取关键文本单元来组成摘要，其文本单元包括但不限于字词、短语、句子等。使用该方法生成的摘要通常会保留文章的显著信息，在语法、句法上错误率低，可以保证一定的效果。但是，该方法容易产生大量的冗余信息，且不适合短文本摘要。传统的抽取式摘要方法使用图文、聚类等方式完成无监督摘要。目前上述任务主要通过基于深度神经网络的方法来完成。

【例 7】抽取式摘要。

> 狗不理包子，为天津名优食品"三绝"之首，它在制馅、和面、揉肥、擀皮、捏包、上灶等各方面均有自己独特的操作方法。

采用抽取式方法，生成的摘要结果如下。

> 狗不理包子为天津名优食品"三绝"之首，有独特的操作方法。

虽然抽取式方法生成的摘要在语法、句法上错误率低，但是也存在一些问题，如内容的选择可能出错、连贯性差、灵活性差等。生成式方法生成的摘要允许摘要中包含新的词语或短语，灵活性高。随着近几年神经网络模型的发展，序列到序列（Sequence to Sequence，Seq2Seq）模型被广泛地应用于生成式摘要任务中，并取得了一定的成果。

【例 8】生成式摘要。

同样针对【例 7】中的文字，采用生成式摘要可以得到如下结果。

> 狗不理包子是具有独特操作方法的天津名优食品"三绝"之首。

抽取式摘要与生成式摘要各有优点。为了同时发挥两者的优点，一些摘要任务通过抽取式方法与生成式方法相结合的方法来完成。基于该方法的摘要任务的完成大致可以分为两步，首先选择重要内容，然后进行内容改写。内容选择部分建模为词语级别序列标注任务，该部分的训练数据通过将摘要对齐到文本来得到词语级别的标签。

4.4.2　典型应用场景

随着网络数字空间中文本数据的爆炸式增长，为了使人们轻易获知文本大意，自动文本摘要工具应运而生。例如，如果想要从在线新闻报道中搜寻一些特定信息，则需要花费大量时间剔除无用信息，之后才能找到自己想要了解的信息。基于自己所具有的省时优势，可以提取有用信息并剔除无关紧要和无用数据的自动文本摘要工具变得非常重要。

随着市场规模的逐渐扩大，国内一些厂家纷纷在文本摘要领域研发了自主可控的应用产品。例如，中科闻歌推出多文档摘要接口，基于深度语义分析模型，自动抽取多个文本中相关事件的关键信息并生成指定长度的文本摘要，尤其是在新闻类文本领域得到了广泛应用，其演示首页如图 4-49 所示。

图 4-49　中科闻歌多文档摘要接口演示首页

随着文本摘要应用领域的不断拓展，利用文本摘要技术进行自动写作和辅助写作的应用也逐渐在市场上崭露头角。

4.4.3　数据标注方式

文本摘要生成一般包括如下两个步骤。

1）标识关键信息

首先理解文本含义，然后根据文本含义标识关键词语。例如：

　　{狗不理包子}，为{天津名优食品"三绝"之首}，它在制馅、和面、揉肥、擀皮、捏包、上灶等各方面均{有自己独特的操作方法}。

其中，大括号括起来的部分为关键词语。

2）形成摘要内容

明确文本字数上限，结合语境和文本主旨，重新组织关键词汇，必要时可以添加新内容或删除部分内容。例如，如果要求控制文本在 20 个字以内，则可形成如下摘要内容。

> 狗不理包子为天津名优食品"三绝"之首。

4.4.4　实践标注操作

1）准备数据

准备文本文件 demo.txt，使用 UTF-8 without BOM 编码输入如下内容。

> 　　狗不理包子，为天津名优食品"三绝"之首，它在制馅、和面、揉肥、擀皮、捏包、上灶等各方面均有自己独特的操作方法。

编辑结束后，按回车键并保存文件。

2）创建项目

启动 Label Studio，在系统首页单击"Create Project"按钮，在打开的页面中选择"Project Name"选项卡，命名项目为"文本摘要 Demo"，如图 4-50 所示。

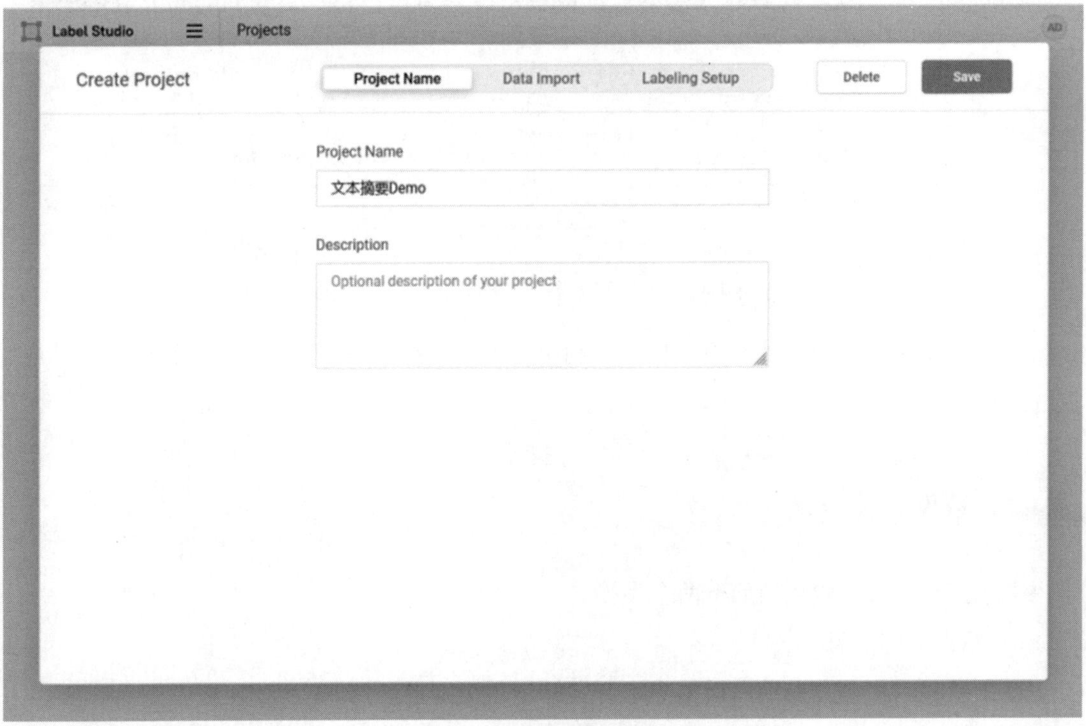

图 4-50　创建项目

选择"Data Import"选项卡，单击"Upload Files"按钮，选择准备好的文本文件 demo.txt 进行导入，如图 4-51 所示。

导入文本文件后，在"Treat CSV/TSV as"单选框中选中"List of tasks"单选按钮，如图 4-52 所示。

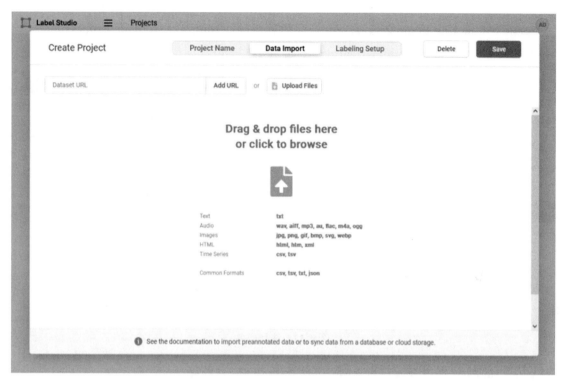

图 4-51　导入文本文件

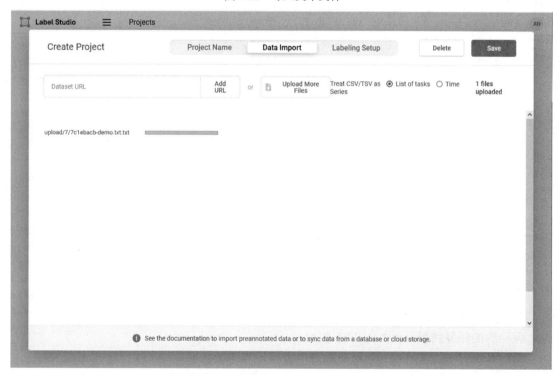

图 4-52　选中"List of tasks"单选按钮

选择"Labeling Setup"选项卡，先选择第二项"Natural Language Processing"，再选择第六个任务"Text Summarization"，如图 4-53 所示。

图 4-53　选择任务

选择任务后，打开标签设置页面，如图 4-54 所示。

图 4-54　标签设置页面

保持默认设置，单击"Save"按钮保存。

3）开始标注

保存后的任务列表页面如图 4-55 所示。

在任务列表中单击待标注任务的任意位置，打开文本摘要标注页面，如图 4-56 所示。

在"Provide one sentence summary"下方的文本框中输入摘要结果，如图 4-57 所示。

图 4-55　保存后的任务列表页面

图 4-56　文本摘要标注页面

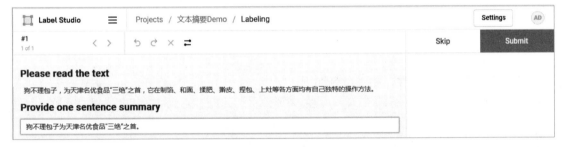

图 4-57　输入摘要结果

输入完成后，单击"Submit"按钮提交。

4）导出结果

返回任务列表页面，可查看文本摘要标注情况。勾选待导出记录对应的复选框，导出标注结果，如图 4-58 所示。

图 4-58　勾选待导出记录对应的复选框

单击"Export"按钮，在文件导出页面中选中"JSON"单选按钮，如图 4-59 所示。单击"Export"按钮，开始导出文件到本地。

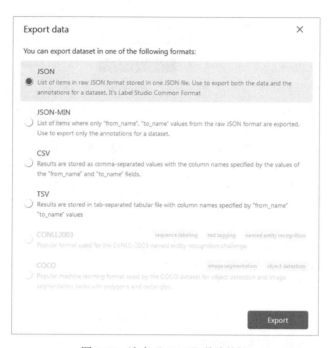

图 4-59　选中"JSON"单选按钮

5）展示结果

导出结果为 JSON 文件，相关命令如下。

```
[
    {
        "id": 1,
        "annotations": [
            {
                "id": 364,
                "completed_by": 1,
                "result": [
                    {
                        "value": {
                            "text": [
                                "狗不理包子为天津名优食品"三绝"之首。"
                            ]
                        },
                        "id": "Wj5AKC6q7x",
                        "from_name": "answer",
                        "to_name": "text",
                        "type": "textarea",
                        "origin": "manual"
                    }
                ],
```

```
            "was_cancelled": false,
            "ground_truth": false,
            "created_at": "2023-01-04T06:08:11.182111Z",
            "updated_at": "2023-01-04T06:08:11.182111Z",
            "lead_time": 91.342,
            "prediction": {},
            "result_count": 0,
            "task": 1,
            "parent_prediction": null,
            "parent_annotation": null
        }
    ],
    "file_upload": "3708d66f-demo.txt",
    "drafts": [],
    "predictions": [],
    "data": {
        "text": "狗不理包子，为天津名优食品"三绝"之首，它在制馅、和面、揉肥、
擀皮、捏包、上灶等各方面均有自己独特的操作方法。"
    },
    "meta": {},
    "created_at": "2023-01-04T06:04:17.835765Z",
    "updated_at": "2023-01-04T06:08:11.236115Z",
    "project": 132
    }
]
```

可以使用本书配套数字化资源中的配套脚本，将上述结果转换为对应摘要标签格式。

4.4.5　动手实践

使用本书配套数字化资源中的互联网短文本文件 sum.txt，尝试完成 20 个字以内的文本摘要标注。

4.5　生成对话标注任务

4.5.1　相关基础知识

自然语言智能对话系统作为新一代的人机交互媒介，已经有了比较广泛的应用。长期以

来，研究人员一直在探索机器生成自然回复的不同方法，包括基于检索的回复、端到端的生成回复等。一般来说，人机交互的智能对话系统包括三大类别，具体如表 4-13 所示。

表 4-13　智能对话系统的类别

类别	说明
任务对话系统	面向动作，业务办理技能
问答系统	面向需求，业务咨询技能
开放域对话系统	无领域约束，闲聊技能

基于核心技术与实现方法的支持，上述 3 类智能对话系统已成为目前业界比较公认的分类方法。实际上，智能对话研究历史悠久，早在 20 世纪 60 年代，MIT 实验室的研究人员便研制出了著名的聊天机器人 Eliza。该聊天机器人主要依赖于模板，如果用户所说的话与已经编写好的模板匹配，就可得到很好的回复，否则得到的回复会不佳。进入 21 世纪之后，随着机器学习技术的发展，以及可得到的互联网对话语料的增多，数据驱动下的智能对话技术越发成熟。其中，极具代表性的技术包括基于检索的智能对话技术和基于生成的智能对话技术。主要智能对话技术的优点与缺点如表 4-14 所示。

表 4-14　主要智能对话技术的优点与缺点

技术选型	优点	缺点
基于模板	匹配严格	泛化能力弱
基于检索	业务适应能力强	答案相对固定，灵活性不足
基于生成	可以生成语料中没有的回复	偏通用型回复，并且生成的回复会有与问题不相关的情况

目前，无论哪种对话，要想获得良好的对话效果，模型技术所依赖的语料样本的质量都非常重要。

4.5.2　典型应用场景

从智能家居设备到智能电话助手，从客户服务到情感陪伴，人们的周围已经出现了各式各样的聊天机器人和智能对话应用，而智能对话技术正是聊天机器人的核心技术。

近年来，人们的心理健康状况逐渐得到重视。面对此类问题，起硕科技研发的小 E 机器人平台（见图 4-60）交叉结合应用心理学、脑科学与人工智能，运用自然语言理解、对话状态跟踪、对话策略和自然语言生成等技术，以人机对话的形式，通过"主动引导对话""心理主题单轮对话""心理情绪疗法多轮对话""生成式智能对话"等模型，为用户提供心理健康服务，并可扩展到相关重点人群。

图 4-60　小 E 机器人平台

4.5.3　数据标注方式

1）明确对话场景

在生成对话标注前，一般需要熟悉领域中的相关知识和习惯用语。在对话系统中，回答内容的好坏与上文的内容有着直接的联系。在标注时最主要的一个限制条件是上下文内容的对应。在评判一个对话系统生成的答案是好还是坏时，测试人员需要结合上文的内容才能对答案进行比较公正和正确的判断。这一过程不仅需要判断当前对话内容的质量，还需要判断对话内容逻辑的一致性与情感的合理性。上下文内容对于多轮对话的生成起着至关重要的作用。一组对话内容被放在不同的对话场景中会产生不同的效果。因此，在对一组对话内容进行评测时，有必要充分理解其所在的对话场景。

【例 9】某电商客户与客服对话。

> 客户：我的快递什么时候到啊？下单的时候说是 1 号可以到，现在都 5 号了，还没到。
> 客服：有什么问题我可以帮您处理或解决呢？
> 客户：下单的时候说是 1 号可以到，现在都 5 号了，还没到。麻烦你帮我催一下。

这段对话描述了在线客服与客户交流的场景。在已知对话中，客户明显处于焦急的情绪之中。所以在标注时用语需要安慰客户或缓解其焦急的情绪，并且要符合公司客服的身份。

2）根据上下文标注对应角色的对话

结合对话场景与上下文，在标注时应根据特定的身份，选择填写相应的问答用语。结合上文，客服的回复可以如下。

客服：好的呢。小妹这边帮您催呢！

3）明确标注格式

不同的预定义模型需要的输入样本格式不同，所以在正式标注前，需要明确如下样本格式。

0	客户	我的快递什么时候到啊？下单时候说是1号可以到，现在都5号了，还没到。
0	客服	有什么问题我可以帮您处理或解决呢？
0	客户	下单的时候说是1号可以到，现在都5号了，还没到。麻烦你帮我催一下。
0	客服	好的呢。小妹这边帮您催呢！
1	客户	…………

上面的记录数据由制表符分为 3 列。第一列为对话会话标识，第二列是对话人员，第三列为对话内容。

4.5.4 实践标注操作

1）准备数据

由于 Label Studio 需要导入指定格式的数据，因此使用本书配套数字化资源中的配套脚本，转换前述文本为指定 JSON 文件，相关命令如下。

```
[{
    "data": {
        "dialogue": [
            {
                "author": "客户",
                "text": "我的快递什么时候到啊？下单的时候说是1号可以到，现在都5号
了，还没到。"
            },
            {
                "author": "客服",
                "text": "有什么问题我可以帮您处理或解决呢？"
            },
            {
                "author": "客户",
                "text": "下单的时候说是1号可以到，现在都5号了，还没到。麻烦你帮我催一下。"
            }
        ]
    }
}]
```

2）创建项目

启动 Label Studio，在系统首页单击"Create Project"按钮，在打开的页面中选择"Project

Name"选项卡，命名项目为"对话生成 Demo"，如图 4-61 所示。

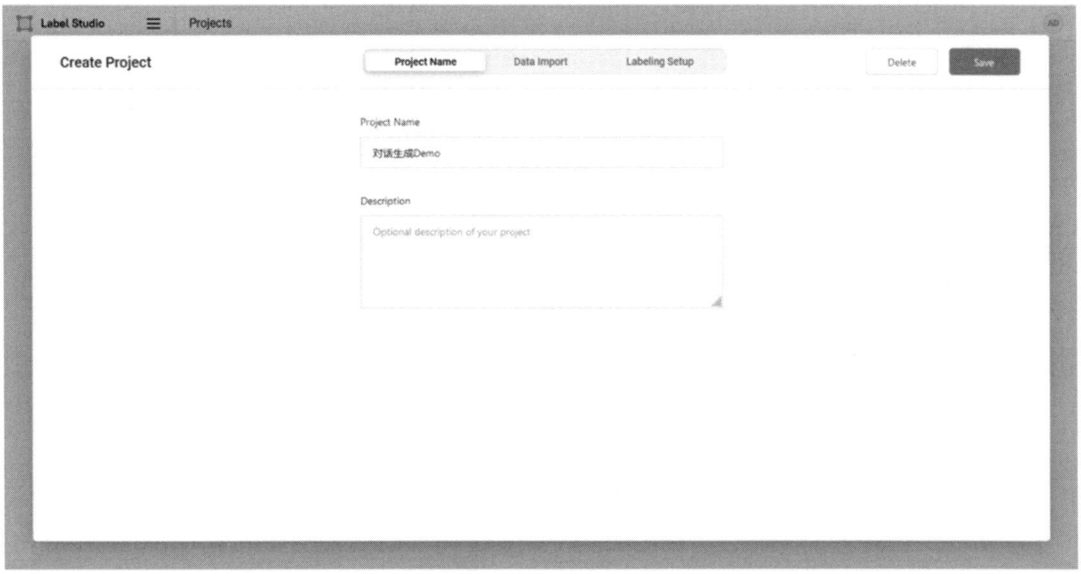

图 4-61　创建项目

选择"Data Import"选项卡，单击"Upload Files"按钮，选择转换后的 JSON 文件进行导入，如图 4-62 所示。

图 4-62　导入转换后的 JSON 文件

选择"Labeling Setup"选项卡，先选择第四项"Conversational AI"，再选择第三个任务"Response Generation"，如图 4-63 所示。

选择任务后，打开标签设置页面，如图 4-64 所示。

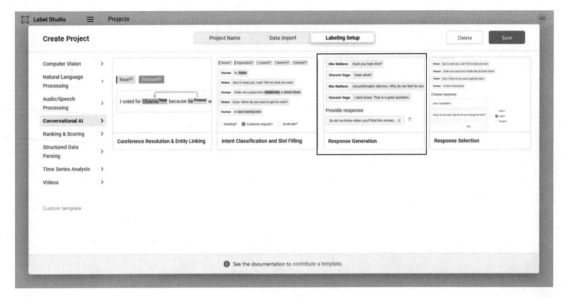

图 4-63　选择任务

图 4-64　标签设置页面

选择"Code"选项卡，打开标签命令设置页面（见图 4-65），修改<Header>标签的 value 属性为"客服："，然后单击"Save"按钮保存。

3）开始标注

保存后的任务列表页面如图 4-66 所示。

在任务列表中单击待标注任务的任意位置，可以打开生成对话标注页面，如图 4-67 所示。

在生成对话标注页面的文本框中输入客服的回复，并单击"Add"按钮生成对话结果，如图 4-68 所示。

图 4-65 标签命令设置页面

图 4-66 保存后的任务列表页面

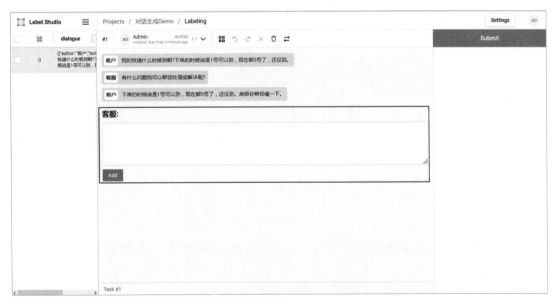

图 4-67 生成对话标注页面

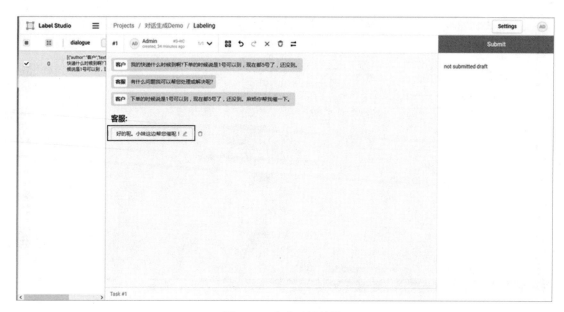

图 4-68　生成对话结果

如果需要修改，则可单击新增客服回复旁的编辑按钮 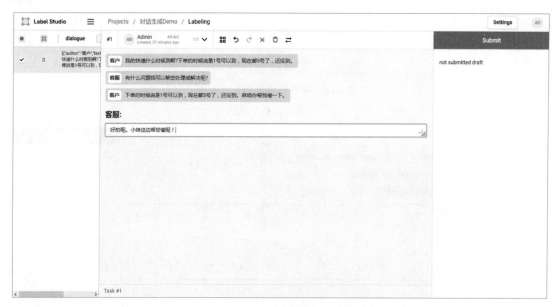，返回编写状态，如图 4-69 所示。

图 4-69　返回编写状态

标注完成，会在失去焦点后自动提交，或单击"Submit"按钮直接提交。提交后的页面如图 4-70 所示。

4）导出结果

返回任务列表页面，勾选待导出记录对应的复选框，如图 4-71 所示。

图 4-70　提交后的页面

图 4-71　勾选待导出记录对应的复选框

单击"Export"按钮，打开文件导出页面（见图 4-72）。选中"JSON"单选按钮，单击"Export"按钮，开始导出文件到本地。

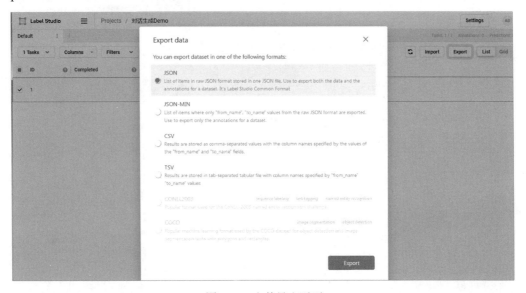

图 4-72　文件导出页面

5）展示结果

导出结果为 JSON 文件，相关命令如下。

```
[
    {
        "id": 1,
        "annotations": [
            {
                "id": 10,
                "completed_by": 1,
                "result": [
                    {
                        "value": {
                            "text": [
                                "好的呢。小妹这边帮您催呢！"
                            ]
                        },
                        "id": "CQBgQRQOgs",
                        "from_name": "response",
                        "to_name": "chat",
                        "type": "textarea",
                        "origin": "manual"
                    }
                ],
                "was_cancelled": false,
                "ground_truth": false,
                "created_at": "2022-05-17T23:53:36.076518Z",
                "updated_at": "2022-05-17T23:53:36.076518Z",
                "lead_time": 2320.473,
                "prediction": {},
                "result_count": 0,
                "task": 1,
                "parent_prediction": null,
                "parent_annotation": null
            }
        ],
        "file_upload": "1de480e3-demo.json",
        "drafts": [],
        "predictions": [],
        "data": {
            "dialogue": [
                {
                    "author": "客户",
```

```
                    "text": "我的快递什么时候到啊?下单的时候说是1号可以到, 现在都5
号了, 还没到。"
                },
                {
                    "author": "客服",
                    "text": "有什么问题我可以帮您处理或解决呢?"
                },
                {
                    "author": "客户",
                    "text": "下单的时候说是1号可以到, 现在都5号了, 还没到。麻烦你帮
我催一下。"
                }
            ]
        },
        "meta": {},
        "created_at": "2022-05-17T22:57:43.388274Z",
        "updated_at": "2022-05-17T23:53:36.153522Z",
        "project": 29
    }
]
```

可以根据格式需要，使用本书配套数字化资源中的配套脚本将结果转换为指定格式。

4.5.5　动手实践

使用标注系统完成本书配套数字化资源中文本文件 chat.txt（5 条）的对话生成标注，标注结果参考如下。

客服：7天内到货，到货后给您发货去。
客服：请问还有其他还可以帮到您的吗？
客服：单独退就可以了。
客服：可以的。
客服：马上核实情况，请您稍等哈！

小　结

本章主要介绍了 5 部分内容，包括命名实体识别标注、文本分类标注、文本关系抽取标注、文本摘要标注和生成对话标注。通过本章内容，主要完成了以下教学目标。

知识目标：

（1）熟悉常见的自然语言标注任务。

（2）熟悉自然语言标注的相关概念和指标。

（3）熟悉自然语言标注过程中的常见要求。

（4）了解标注员的相关职业素养。

能力目标：

（1）能够完成常见的自然语言标注任务。

（2）能够配合完成常见的自然语言标注质量检测任务。

（3）能够组建团队，落实自然语言标注目标和相关计划。

思政目标：

（1）培养业精于勤、一丝不苟的工匠精神。

（2）感受中国人工智能产业的蓬勃发展。

（3）领略源远流长的中华优秀传统文化。

（4）强化严谨务实的工作态度。

（5）培养团结协作的团队精神。

课后习题

一、选择题

（1）常见的文本文件导入格式为（　　）。

  A．TXT   B．JSON   C．MD   D．WPS

（2）命名实体的常见类型包括（　　）。

  A．PER   B．ORG   C．LOC   D．SUN

（3）关系抽取的子类型包括（　　）。

  A．Normal B．EPO   C．SEO   D．CEO

（4）常见的智能对话系统包括（　　）。

  A．任务对话系统   B．问答系统

  C．开放域对话系统   D．客服对话系统

二、简答题

（1）列举文本分类的应用场景。

（2）列举工具中常见的自然语言标注对应的任务类型。

三、实践题

通过官网手册自学方式，尝试使用 Label Studio 完成一个未在本书中讲解的自然语言类型标注任务，完成数据收集、标注，以及文件导出全过程，并填写记录表。

语音标注项目

> "犹胜相逢不相识，形容变尽语音存。"
>
> ——宋代 苏轼

5.1 自动语音识别标注任务

5.1.1 相关基础知识

语音识别，又被称为自动语音识别（Automatic Speech Recognition，ASR），主要是将人类语音中的词汇转换为计算机可读的输入内容，可以是文本内容、二进制编码或者字符序列。通常来讲，语音识别就是狭义的语音转换为文字的过程。

语音识别是一项融合了多学科知识的前沿技术，覆盖了数学与统计学、声学与语言学、计算机与人工智能等基础学科和前沿学科，是人机自然交互技术中的关键环节。但是，自诞生以来，语音识别一直没有在实际应用中得到普遍认可。一方面，这与语音识别的技术缺陷有关，其识别精度和速度都达不到实际应用的要求；另一方面，与业界对语音识别的期望过高有关。实际上，语音识别类设备与键盘、鼠标或触摸屏等应是融合关系，而非替代关系。自2009年深度学习技术兴起之后，语音识别也取得了长足进步。当前，语音识别在安静环境、标准口音、常见词汇等场景中的识别准确率已经超过95%，意味着语音识别技术具备了与人类相仿的语言识别能力。

随着人工智能技术的逐步发展，语音识别技术已经在人们生活的方方面面得到了普及。在日常生活中，语音助手、智能音箱、智能客服等都应用到了语音识别技术。语音识别商业化目前在数据、算法和算力方面基本达到了阶段性成熟的水平，其发展需要使用大量被标注的语音数据来训练模型。对智能语音行业来说，优质的语音识别标注数据是不可或缺的，对语音数据进行分析、开发和利用，从而创造出其中的价值，这是语音数据标注价值的体现。

5.1.2　典型应用场景

语音识别技术的应用非常广泛，常见的有语音交互、语音输入、语音搜索等。随着技术的逐渐成熟和 5G 的普及，此项技术未来的应用范围会越来越大，其典型的应用场景如下。

1）语音输入

智能语音输入可摆脱生僻字和拼音书写的障碍，由实时语音识别来实现，可以为用户节省输入时间并提升其输入体验。

2）语音搜索

直接以语音的方式输入搜索的内容，应用于手机搜索、网页搜索、车载搜索等多种搜索场景，很好地解放了人们的双手，让搜索变得更加高效。

3）语音指令

不需要手动操作，可通过语音直接对设备或者软件发布命令，控制其进行相应的操作，适用于视频网站、智能硬件等搜索场景。

4）社交聊天

可在社交聊天软件中直接使用语音输入的方式转换成文字，让输入变得更加快捷。或者在接收到语音消息却不方便播放时，可直接将语音转换成文字进行查看，很好地满足了用户多样化的聊天场景需求，为用户提供了方便。

5）游戏娱乐

用户在游戏时，可能无法使用双手打字。智能语音识别技术可以将语音转换成文字，让用户在游戏娱乐的同时直观地看到聊天内容，很好地满足了用户的多元化聊天需求。

6）字幕生成

可用于字幕生成，通过将直播和录播视频中的语音转换为文字，轻松、便捷地生成字幕。

7）会议纪要

可用于撰写会议纪要，将会议、庭审、采访等场景的音频信息转换为文字，通过实时语音识别及时实现，有效降低人工记录的成本，提升效率。

8）体育运动

"科技冬奥"是 2022 年北京冬奥会的一大特色。冬奥会运用科技的力量让各国体育运动员和观众充分感受到了科技带来的美感和舒适感。我国科大讯飞公司作为冬奥会的"翻译官"，使用人工智能技术为冬奥会提供了自动翻译和相关的多语种语音转换、语音识别及语音合成等一系列服务，展现了满满的科技文化。北京冬奥会翻译设备如图 5-1 所示。

图 5-1　北京冬奥会翻译设备

5.1.3　实践标注操作

1）准备数据

音频数据是歌曲《我和我的祖国》，格式为 MP3。

2）创建项目

启动 Label Studio，命令如下。

```
label-studio start
```

启动后，在系统首页单击"Create Project"按钮，在打开的页面中选择"Project Name"选项卡，命名项目为"自动语音识别标注案例"，如图 5-2 所示。

图 5-2　创建项目

选择"Data Import"选项卡，单击"Upload Files"按钮，选择准备好的音频数据进行导入，如图 5-3 所示。如果有多条音频数据需要标注，则可以单击"Upload More Files"按钮继续导入数据。

图 5-3　导入音频数据

完成音频数据导入后，选择"Labeling Setup"选项卡，先选择第三项"Audio/Speech Processing"，再选择第一个任务"Automatic Speech Recognition"，如图 5-4 所示。

图 5-4　选择任务

打开标签设置页面（见图 5-5），自动语音识别标注任务不需要进行其他设置，单击"Save"按钮保存。

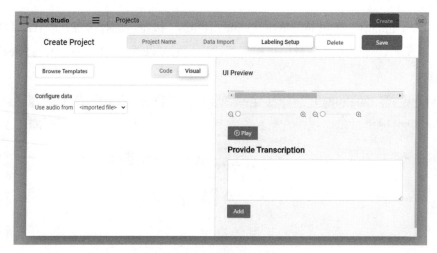

图 5-5　标签设置页面

保存后的任务列表页面如图 5-6 所示。

图 5-6　保存后的任务列表页面

3）开始标注

在任务列表页面中单击待标注任务的任意位置，打开音频标注页面，如图 5-7 所示。单击"Play"按钮，一边播放一边将语音信息在"Provide Transcription"文本框中转换为文字信息。反复播放，直至完成所有语音信息的转换。

图 5-7　音频标注页面

转换完成后，先单击"Add"按钮，再单击"Submit"按钮提交，完成自动语音识别标注，如图 5-8 所示。

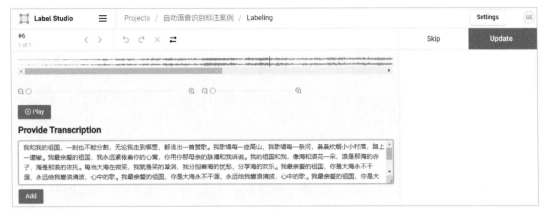

图 5-8　完成自动语音识别标注

此时按钮文字由"Submit"切换为"Update"。如果文字信息需要更正，则可进行编辑。编辑后，单击"Update"按钮进行信息更新，如图 5-9 所示。

图 5-9　单击"Update"按钮进行信息更新

4）导出结果

返回任务列表页面，勾选待导出记录对应的复选框，如图 5-10 所示。

图 5-10　勾选待导出记录对应的复选框

单击"Export"按钮，打开文件导出页面，如图 5-11 所示。

选中"JSON"单选按钮，单击"Export"按钮，开始导出文件到本地。

5）展示结果

导出结果为 JSON 文件，相关命令如下。

```
[
    {
        "audio": "/data/upload/47/646ed463-%E6%88%91%E5%92%8C%E6%88%91%E7%
9A%84%E7%A5%96%E5%9B%BD.mp3",
        "id": 6,
        "transcription": "我和我的祖国，一刻也不能分割，无论我走到哪里，都流出一首赞
歌。我歌唱每一座高山，我歌唱每一条河，袅袅炊烟小小村落，路上一道辙。我最亲爱的祖国，我永远紧
依着你的心窝，你用你那母亲的脉搏和我诉说。我的祖国和我，像海和浪花一朵，浪是那海的赤子，海是
那浪的依托。每当大海在微笑，我就是笑的漩涡，我分担着海的忧愁，分享海的欢乐。我最亲爱的祖国，
你是大海永不干涸，永远给我碧浪清波，心中的歌。我最亲爱的祖国，你是大海永不干涸，永远给我碧浪
清波，心中的歌。我最亲爱的祖国，你是大海永不干涸，永远给我碧浪清波，心中的歌。我最亲爱的祖
国，你是大海永不干涸，永远给我碧浪清波，心中的歌",
        "annotator": 1,
        "annotation_id": 14,
        "created_at": "2022-06-19T09:02:25.939847Z",
        "updated_at": "2022-06-19T09:04:14.854084Z",
        "lead_time": 20019.266
    }
]
```

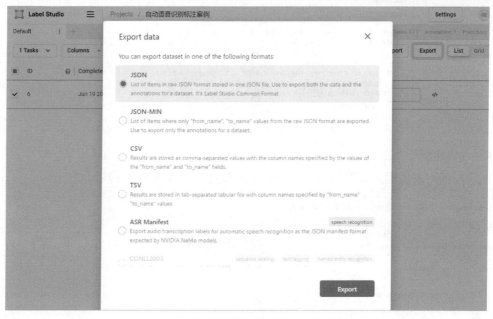

图 5-11　文件导出页面

5.1.4　动手实践

使用本书配套数字化资源中的音频文件 speech 01.mp3，在将其导入自建项目之后进行自动语音识别标注。

5.2　说话人语音分割标注任务

5.2.1　相关基础知识

随着语音识别技术的不断发展，越来越多的智能设备（如智能音箱，智能手机等）通过语音识别等相关的语音技术实现人机交互的功能。但是现实生活中通常会遇到这样的场景，人们在使用语音与智能设备交互时，周围环境会对语音信息产生干扰，例如，设备也会收到其他说话人的语音。此时如果直接进行语音识别，则可能将其他人的语音也识别到结果中，从而影响语音识别的准确率。

由于语音信号在背景噪声、信道条件等方面存在差异，因此语音识别技术在进行语音识别之前必须使用多项语音前端技术进行预处理，以提高语音识别的准确度。其中，说话人语音分割技术就是一项重要的语音前端处理技术，它用来解决"什么时间是谁在说话"的问题，说话人语音分割示例如图 5-12 所示。其目的是先将一个连续的语音分割成片段，然后根据说话人的身份信息对片段进行标注，将属于同一个人的片段标注为相同的标签。它可以处理包含多个说话人的连续语音流，以此获取说话人的变动信息，实现对语音识别系统的说话人自适应，从而保证语音识别系统的性能。说话人语音分割技术需要大量说话人语音分割标注的数据作为数据支撑。

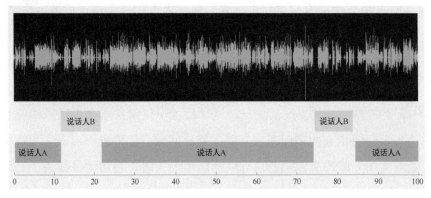

图 5-12　说话人语音分割示例

5.2.2 典型应用场景

目前，在新闻广播、国际体育赛事、会议录音等场景中，说话人语音分割标注有着广泛的应用前景。通常，在进行离线自动语音识别时，理想状态下要求一个完整的语句中只有一个说话人，而多个说话人的存在会降低识别的准确性。说话人语音分割技术产生的说话人边界会显著提高自动语音识别的准确性。除此之外，说话人语音分割技术还可用于以下场景。

1）客服中心电话

在呼叫客服中心的通话音频中，通常同时包含客户的语音和客服的语音。当需要对客户和客服的语音进行识别时，需要先对客户和客服的语音进行分割，再分别进行语音识别。

2）会议内容纪要

在会议结束后，相关人员通常希望将会议中的语音内容保存下来，并在识别成文字后保存为会议纪要。但一段音频当中通常会包含多个说话人的语音，此时如果直接对整段音频进行识别，则无法分辨出各段内容来自哪个说话人。此时需要通过说话人语音分割技术对会议录音中各个说话人的语音进行分割，并单独进行语音识别，从而形成有效的会议纪要。

3）智能音箱

在家庭环境中使用智能音箱时，周围常常会同时有其他人在说话，这时如果音箱直接对当前语音进行识别，则会导致识别的结果中混杂其他说话人的语音内容，识别准确性会下降。此时可使用说话人语音分割技术对主要说话人的语音进行分割，并单独进行语音识别，从而避免语音识别的内容被周围语音干扰。

4）体育运动

2022 年北京冬奥会中，有一名"志愿者"随时为人们提供咨询服务，这名"志愿者"就是"爱加"，如图 5-13 所示。与其他冬奥会志愿者不同，"爱加"是虚拟人，会汉语、英语、日语、俄语、法语、西班牙语 6 种语言。不管是冬奥赛事、赛程查询，还是交通、文化、旅游问答，"爱加"都能快速回应。这是在智能语音处理方面蜚声全球的科大讯飞公司助力 2022 年北京冬奥会的代表产品之一。这项技术不仅解决了多说话人语音互相干扰的问题，还解决了不同说话人的多国语言、语音差异问题，让来自不同国家和地区的运动员可以随时、随地实现无障碍交流。在拉近彼此距离的同时，为运动员提供了充分沟通与学习的机会。

图 5-13　冬奥会"志愿者""爱加"

5.2.3　实践标注操作

1）准备数据

音频数据节选自著名相声表演艺术家"侯宝林"与"郭启儒"的一段相声，格式为 MP3。

2）创建项目

启动 Label Studio，命令如下。

```
label-studio start
```

启动后，在系统首页单击"Create Project"按钮，在打开的页面中选择"Project Name"选项卡，命名项目为"说话人语音分割案例"，如图 5-14 所示。

选择"Data Import"选项卡，单击"Upload Files"按钮，选择准备好的音频数据进行导入，如图 5-15 所示。如果有多条音频数据需要标注，则可以单击"Upload More Files"按钮继续导入数据。

完成音频数据导入后，选择"Labeling Setup"选项卡，先选择第三项"Audio/Speech Processing"，再选择第六个任务"Speaker Segmentation"，如图 5-16 所示。

图 5-14　创建项目

图 5-15　导入音频数据

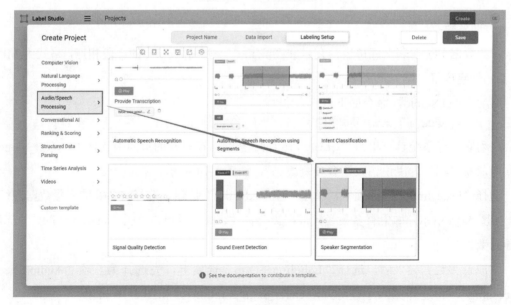

图 5-16　选择任务

打开标签设置页面（见图 5-17），设置标签类型。

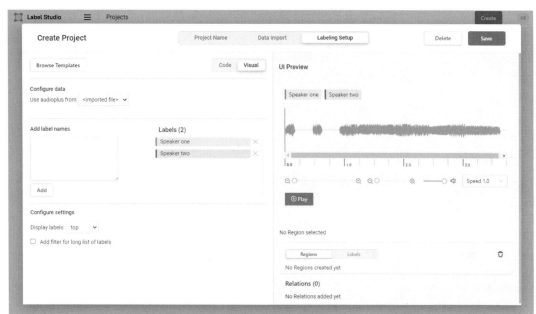

图 5-17 标签设置页面

在 "Add label names" 文本框中输入需要添加的标签并单击 "Add" 按钮保存；单击 "Labels" 列表中的删除按钮 ⊠ 删除无用标签。在本任务中，删除模板自带的标签，添加 "侯宝林" "郭启儒" 两个标签，并将其显示在 "Labels" 列表中。标签设置结果如图 5-18 所示。

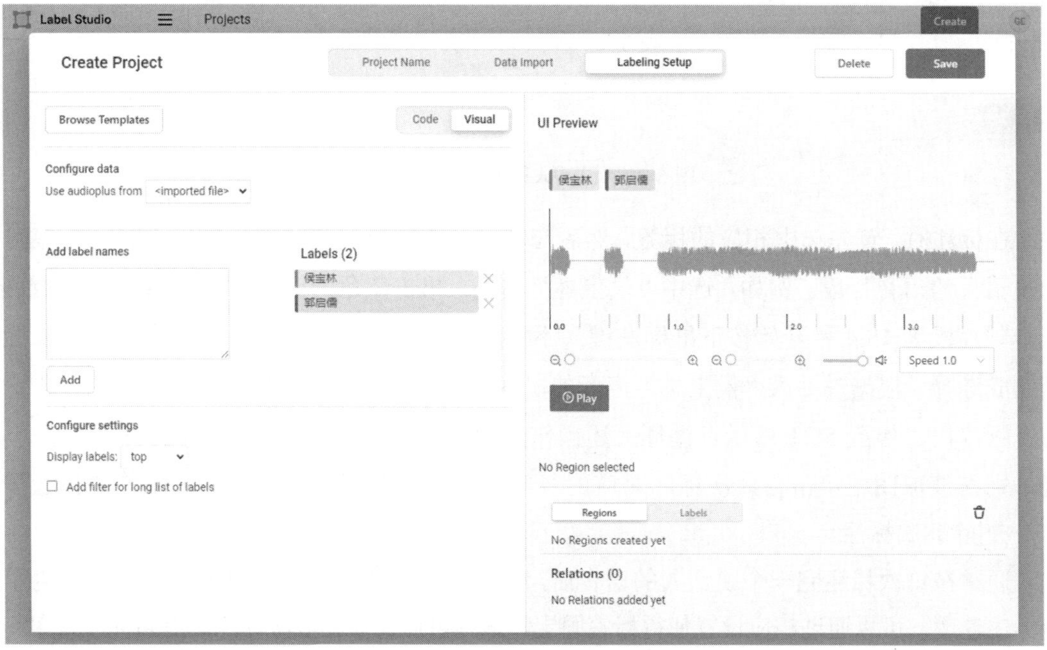

图 5-18 标签设置结果

完成标签设置后，单击"Save"按钮保存项目，保存后的任务列表页面如图 5-19 所示。

图 5-19　保存后的任务列表页面

3）开始标注

在任务列表中单击待标注任务的任意位置，打开说话人语音分割标注页面，如图 5-20 所示。

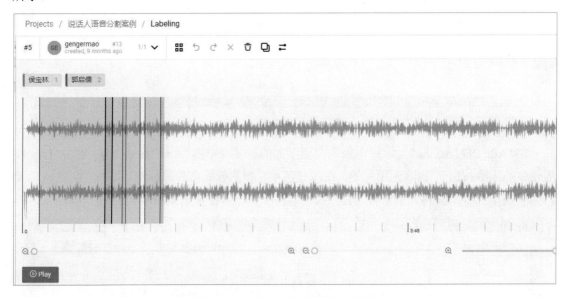

图 5-20　说话人语音分割标注页面

在标注时，首先选中相应的标签，然后在音频数据中通过拖放鼠标左键选择与标签对应的说话人的语音片段。例如，选中"侯宝林"标签，单击蓝色的"Play"按钮播放音频数据，从音频片段第 18.4 秒开始按下鼠标左键（不释放），一直拖动到第 46 秒结束，释放鼠标左键完成选择，根据说话人"侯宝林"声音的出现范围，在音频波形图中标注"侯宝林"说话的音频片段，如图 5-21 所示。循环上述操作直到完成所有数据的标注。如果某次标注不准确，则在波形图中单击与此次标注对应的音频片段，并在标注页面上侧区域单击删除按钮 ⊠，删除此次标注。

通常在每次标注完一个说话人的语音后，需要重新选中标签才能开始新的标注。为了加快标注速度，可以通过相应设置使得标签固定，这样可以连续、多次标注，提高标注效率。单击工具栏中的设置按钮 ⇄，打开标注设置页面，如图 5-22 所示。

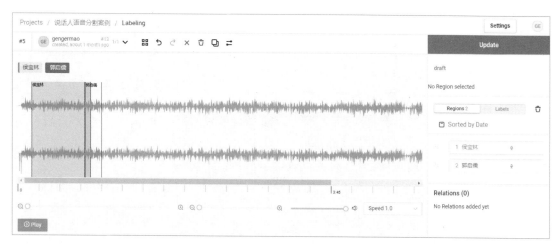

图 5-21　标注说话人音频片段

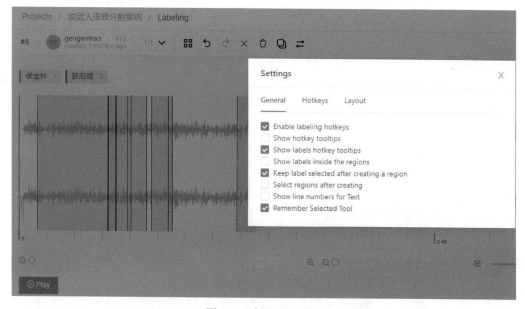

图 5-22　标注设置页面

勾选 "Keep label selected after creating a region" 复选框，即可保持被选中的标签不改变，从而进行连续、多次标注。标注完成后，单击 "Submit" 按钮提交，完成说话人语音分割标注，如图 5-23 所示。

4）导出结果

返回任务列表页面，"Completed" 列显示的是任务标注完成时间。勾选待导出记录对应的复选框，如图 5-24 所示。

单击 "Export" 按钮，在打开的文件导出页面中选中 "JSON-MIN" 单选按钮，如图 5-25 所示。单击 "Export" 按钮，开始导出结果到本地。

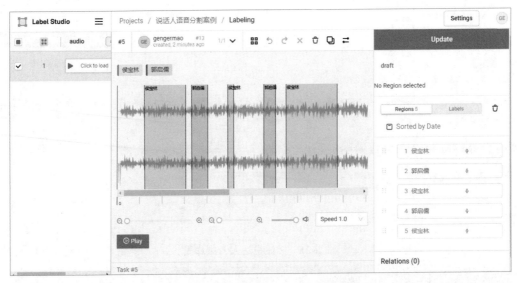

图 5-23　完成说话人语音分割标注

图 5-24　勾选待导出记录对应的复选框

图 5-25　选中"JSON-MIN"单选按钮

5）展示结果

导出结果为 JSON 文件，相关命令如下。

```
[
    {
      "audio": "/data/upload/43/f150af76-%E5%8C%97%E4%BA%AC%E8%AF%9D%E4%
BE%AF%E5%AE%9D%E6%9E%97%E9%83%AD%E5%90%AF%E5%84%92.mp3",
      "id": 5,
      "label": [
        {
          "start": 9.801793519216277,
          "end": 48.168813865862845,
          "labels": [
            "侯宝林"
          ]
        },
        {
          "start": 48.168813865862845,
          "end": 52.089531273549355,
          "labels": [
            "郭启儒"
          ]
        },
        {
          "start": 52.369582516955525,
          "end": 58.53070987189149,
          "labels": [
            "侯宝林"
          ]
        },
        {
          "start": 58.81076111529765,
          "end": 60.211017332328545,
          "labels": [
            "郭启儒"
          ]
        },
        {
          "start": 60.49106857573474,
          "end": 68.89260587792012,
```

```
        "labels": [
          "侯宝林"
        ]
      },
      {
        "start": 71.6931183119819,
        "end": 80.65475810097965,
        "labels": [
          "侯宝林"
        ]
      },
      {
        "start": 80.65475810097965,
        "end": 82.89516804822908,
        "labels": [
          "郭启儒"
        ]
      }
    ],
    "annotator": 1,
    "annotation_id": 13,
    "created_at": "2022-06-16T15:55:10.107334Z",
    "updated_at": "2022-07-31T02:43:27.477862Z",
    "lead_time": 2729.835
  }
]
```

5.2.4 动手实践

采用小组的形式完成练习，每两个人组成一组。使用本书配套数字化资源中的音频文件 speech02.mp3 和 speech03.mp3，一名成员将数据导入自建项目中并进行说话人语音分割标注。标注完成后，请同组的另外一名成员作为验收员进行验收，并填写验收信息表，如表 5-1 所示。

标注要求如下。

（1）在 speech02.mp3 中对 3 位说话人进行说话人语音分割标注。

（2）在 speech03.mp3 中选取 3 段对话，对每段对话的对话双方进行说话人语音分割标注。

验收要求如下。

（1）speech02.mp3 中包含 8 个说话人语音分割片段，每个分割片段中出现其他说话人声音的时间比例不超过 10%。

（2）speech03.mp3 中包含 6 个说话人语音分割片段，每个分割片段中出现其他说话人声音的时间比例不超过 10%。

表 5-1　验收信息表

验收信息			
验收总量		验收不合格数量	
验收员		验收合格率	
验收时间			
备注			

5.3　声音事件检测标注任务

5.3.1　相关基础知识

人类生活的世界充斥着各种各样的声音。声音是信息传递的主要媒介之一，在人类感知周边环境变化的过程中，有着不可替代的作用。自然界的声音种类繁多，如狗叫声、汽车鸣笛声、婴儿啼哭声、雨声、机器运转异常声音等。检测出这些声音，对于人们的日常生活、公共安全和工业生产等都至关重要。

声音事件检测（Sound Event Detection，SED）技术是一种检测连续的音频流之中有无目标声音事件的技术。它可以对声音数据进行分类与检测，并将检测结果作为是否执行某种操作的判断标准。如果说语音识别是将人类的语音翻译为机器能听懂的语言，那么声音事件检测就是将环境中的声音翻译为机器可以理解的声音。在很多情况下，声音事件检测比视觉事件检测更加重要。例如，在监控系统中，正常环境中的声音检测和视觉检测都能起到重要的作用，然而在光线不好的阴雨天，视频监控画面模糊，视觉检测变得困难，但声音检测不会受到影响。又如，声音事件检测系统可以在救护车离得很远的情况下检测到救护车上警报器发出的声音，而受到距离和障碍物的影响，摄像头要想实时检测到警报器是否处于告警状态难度会很大。

5.3.2　典型应用场景

声音事件检测在人们生产与生活的很多方面都有着广泛的应用。随着人们对生活起居智能化要求的不断提高，新的应用场景陆续出现。下面介绍几类常见的应用场景。

189

1）安全监控

视频监控是目前常用的安全监控手段，但在一些特殊情况下也可以通过音频传感器执行监控任务，尤其是在传统的摄像头难以可靠地进行监控的情况下。当需要监控的物体被遮挡或者光线不佳时，如果该物体能够发出声音，那么音频传感器比视频传感器更加有效。由于音频监控没有视野的要求，因此在不便实施视频监控的场景中具有更好的隐蔽性，如网约车的车内安全监控等。此外，很多场景适合使用音频传感器与视频传感器相结合的方式来实施监控，如呼喊声、哭声、枪声等的监听与声音发出现场的监视。

2）生物监测

对野生动物行踪的监测可以有效掌握其动机和去向，对于相关动物的保护和研究具有重要意义。受到时间和距离跨度的影响，野生动物的行踪监测是一项非常耗费人力的工作，且有相当大的安全隐患。而通过在特定区域安装若干声音监测设备，可以有效分辨不同种类的动物并记录其位置信息，有利于掌握动物的行踪信息。同时，由于声音监测的成本较低，因此这种声音监测设备可以被大规模使用。

3）异常监测

自动作业的大型工业设备常常需要人员定期排查故障。由于设备需要进行高电压、高功率作业，且长期处于无人看管的环境中，因此例行检查往往存在一定风险。同时，很多设备在正常工作和非正常工作状态下有着不同的发声方式，利用此特性可以使用基于声音的监测手段来判断设备是否处在正常工作状态下。例如，在大型变电站中，可以利用变压器发出的声音来判断变压器是否正常工作。科大讯飞公司基于声音事件定位和监测技术研发出一种声学照相机，可以定位变压器的异常点位，如图 5-26 所示。同时，医疗监护也是异常监测的一个重要应用场景。医院的病室或者老年人和幼儿的卧室都是需要重点监护的场所，在这些场景中，需要时刻监测患者、老年人、幼儿的活动情况，判断其有无跌倒或碰撞、电器是否正常工作、有无东西被打碎等，以防在无人值守时发生意外。

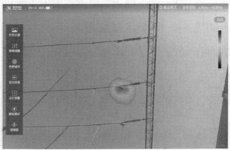

图 5-26　声学照相机定位变压器的异常点位

4）情景感知

对于一些场景，通过声音来感知周围的环境是一项很重要的工作。例如，在会议室中，通过对掌声、挪动椅子的声音、关门声等声音事件进行监测，可以了解会议的进程，掌握会议的发展动态等。此外，便携式设备可以通过声音事件来分析环境，获取当前位置和环境信息，进而调整相应的工作模式。例如，在图书馆中手机自动调整为静音模式。场景感知还能使机器人更加智能。机器人在通过声音事件检测技术来感知周围的环境后可以优化其行为逻辑，进而更加高效地执行任务，提高用户的人机交互体验。在嘈杂的环境中通话时，用户可以通过在智能手机中使用声音事件检测技术来判断环境中的噪声，选择更加有效的降噪算法，提高通话质量。

5.3.3　实践标注操作

1）准备数据

音频数据是一段汽车碰撞的原音，格式为 MP3。

2）创建项目

启动 Label Studio，命令如下。

```
label-studio start
```

启动后，在系统首页单击"Create Project"按钮，在打开的页面中选择"Project Name"选项卡，命名项目为"声音事件检测标注案例"，如图 5-27 所示。

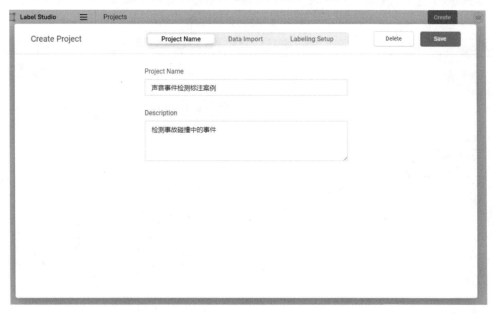

图 5-27　创建项目

选择"Data Import"选项卡，单击"Upload Files"按钮，选择准备好的音频数据进行导入，如图 5-28 所示。如果有多条音频数据需要标注，则可以单击"Upload More Files"按钮继续导入数据。

选择"Labeling Setup"选项卡，先选择第三项"Audio/Speech Processing"，再选择第五个任务"Sound Event Detection"，如图 5-29 所示。

图 5-28　导入音频数据

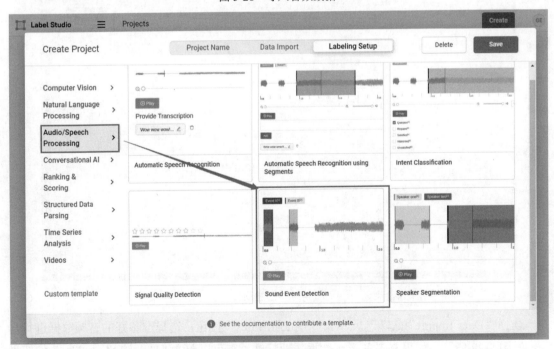

图 5-29　选择任务

打开标签设置页面（见图 5-30），设置标签类型。

图 5-30　标签设置页面

　　在"Add label names"文本框中输入需要添加的标签并单击"Add"按钮保存；单击"Labels"列表中的删除按钮⊠删除无用标签。在本任务中，删除模板中自带的标签，添加"急刹车""碰撞"两个标签，并将其显示在"Labels"列表中。标签设置结果如图 5-31 所示。

图 5-31　标签设置结果

完成标签设置后，单击"Save"按钮保存项目，保存后的任务列表页面如图 5-32 所示。

图 5-32　保存后的任务列表页面

3）开始标注

在任务列表页面中单击待标注任务的任意位置，打开声音事件检测标注页面，如图 5-33 所示。

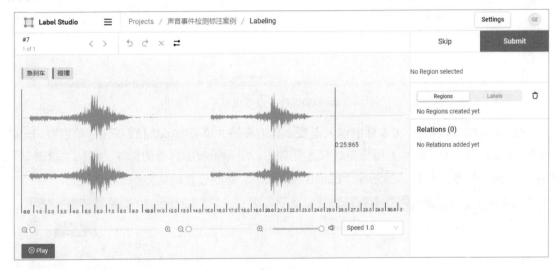

图 5-33　声音事件检测标注页面

在标注时，首先选中相应的标签，然后在音频数据中通过拖放鼠标左键选择与标签对应的声音事件发生片段。例如，选中"急刹车"标签，单击蓝色的"Play"按钮播放音频数据，根据急刹车声音出现的时间范围，在音频波形图中标注对应声音事件发生的音频片段，如图 5-34 所示。此时，声音事件检测标注页面右侧会显示标注内容。循环上述操作直到完成所有数据的标注。如果某次标注不准确，则在波形图中单击与此次标注对应的音频片段，并在标注页面上侧区域单击删除按钮⊠，删除此次标注。

标注完成后，单击"Submit"按钮提交。此时按钮文字由"Submit"切换为"Update"。

4）导出结果

返回任务列表页面，勾选待导出记录对应的复选框。单击"Export"按钮，打开文件导出页面，选中"JSON-MIN"单选按钮，如图 5-35 所示。单击"Export"按钮，开始导出结果到本地。

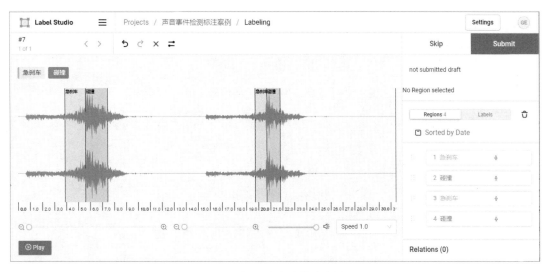

图 5-34　标注声音事件音频片段

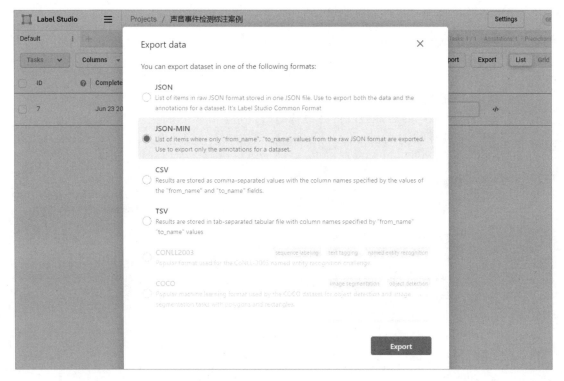

图 5-35　选中"JSON-MIN"单选按钮

导出结果为 JSON-MIN 文件。从结果中可以看出,每个事件中都包含了该事件对应的 start 开始时间信息和 end 结束时间信息。

```
[
  {
    "audio": "/data/upload/51/e2826111-%E4%BA%8B%E6%95%85%E7%A2%B0%E6%
```

```
92%9E.mp3",
        "id": 7,
        "label": [
          {
            "start": 3.885228,
            "end": 5.611996,
            "labels": [
              "急刹车"
            ]
          },
          {
            "start": 5.611996,
            "end": 7.446686999999999,
            "labels": [
              "碰撞"
            ]
          },
          {
            "start": 19.713934666666667,
            "end": 20.685241666666666,
            "labels": [
              "急刹车"
            ]
          },
          {
            "start": 20.685241666666666,
            "end": 21.800446,
            "labels": [
              "碰撞"
            ]
          }
        ],
        "annotator": 1,
        "annotation_id": 15,
        "created_at": "2022-06-23T07:53:54.199398Z",
        "updated_at": "2022-06-23T07:53:54.199398Z",
        "lead_time": 16673.299
      }
    ]
```

5.3.4　动手实践

采用小组的形式完成练习，每两个人组成一组。使用本书配套数字化资源中的音频文件
speech04.mp3～speech07.mp3，一名成员将数据导入自建项目并进行声音事件检测标注。标注
完成后，请同组的另外一名成员作为验收员进行验收，并填写验收信息表，如表 5-2 所示。

表 5-2　验收信息表

验收信息			
验收总量		验收不合格数量	
验收员		验收合格率	
验收时间			
备注			

标注要求如下。

（1）在 speech04.mp3 中对碎裂声进行声音事件检测标注。

（2）在 speech05.mp3 中对安全警报声进行声音事件检测标注。

（3）在 speech06.mp3 中对枪击声、爆炸声和叫喊声进行声音事件检测标注。

（4）在 speech07.mp3 中对咳嗽声和呼救声进行声音事件检测标注。

验收要求如下。

（1）speech04.mp3 中包含两个碎裂声分割片段，每个分割片段中无声音的时间比例不超
过 10%。

（2）speech05.mp3 中安全警报声时长不短于 5 秒，分割片段中出现其他声音的时间比例
不超过 10%。

（3）speech06.mp3 中每类声音至少包含两个声音分割片段，每个分割片段中出现其他声
音的时间比例不超过 10%。

（4）speech07.mp3 中每类声音至少包含两个声音分割片段，每个分割片段中出现其他声
音的时间比例不超过 10%。

5.4　语音意图分类标注任务

5.4.1　相关基础知识

语音是目前人类交流过程中最直接、最自然、最重要的方式。它不仅能够表达文字所包

含的语义信息，还是携带说话人信息的重要载体。通过语音能够对说话人的情感、态度及意图等进行判断。随着人工智能、语音等技术的发展及便携式智能设备的广泛应用，智能语音对话系统越发重要。语音对话交流中的用户意图理解是人机自然、和谐交互的重要前提。缺少这一前提，很容易出现"答非所问"的情况，从而影响人机交互的效率与用户的满意度。语音意图分类让计算机不仅"能听会说"，还能"通情达意"。其核心问题在于如何理解用户在互联网环境下的说话意图，以及如何根据说话意图生成让用户更为满意的反馈结果，并在此基础上提升语音生成的表现能力。

随着语音社交软件的广泛应用及微信、微博、抖音等互联网社交网络平台的发展，通过语音进行对话交流逐渐成为人们日常生活中的重要组成部分，同时产生并积累了丰富的、具有交互特点和焦点重音的语音数据。这些数据不仅为挖掘语言表达特点及建模计算研究提供了良好的素材，还为机器更好地理解说话人说话意图提供了很大的帮助。

5.4.2 典型应用场景

随着人们对生活起居智能化要求的不断提高，语音意图分类在生活中的应用场景不断增多。如在日常购物、刷银行卡、打电话咨询流量时，人们经常会拨打客服电话。当下的客服电话已经从人工客服、语音播报升级为智能语音客服。智能语音客服能根据语音对话判断用户的意图，更精准地提供服务。"小爱同学"（见图 5-36）是小米科技公司旗下的人工智能语音交互引擎和智联万物的 AI 虚拟助理，搭载在小米手机、小米 AI 音箱、小米电视机等众多小米生态链设备中。它能对人类语言中的词语或句子进行意图分类判断，从而更准确地提供智能服务。

图 5-36　"小爱同学"

5.4.3　实践标注操作

1）准备数据

音频数据是一段小米公司的智能语音助手"小爱同学"的智能服务演示语音，格式为 MP3。

2）创建项目

启动 Label Studio，命令如下。

```
label-studio start
```

启动后，在系统首页单击"Create Project"按钮，在打开的页面中选择"Project Name"选项卡，命名项目为"语音意图分类标注案例"，如图 5-37 所示。

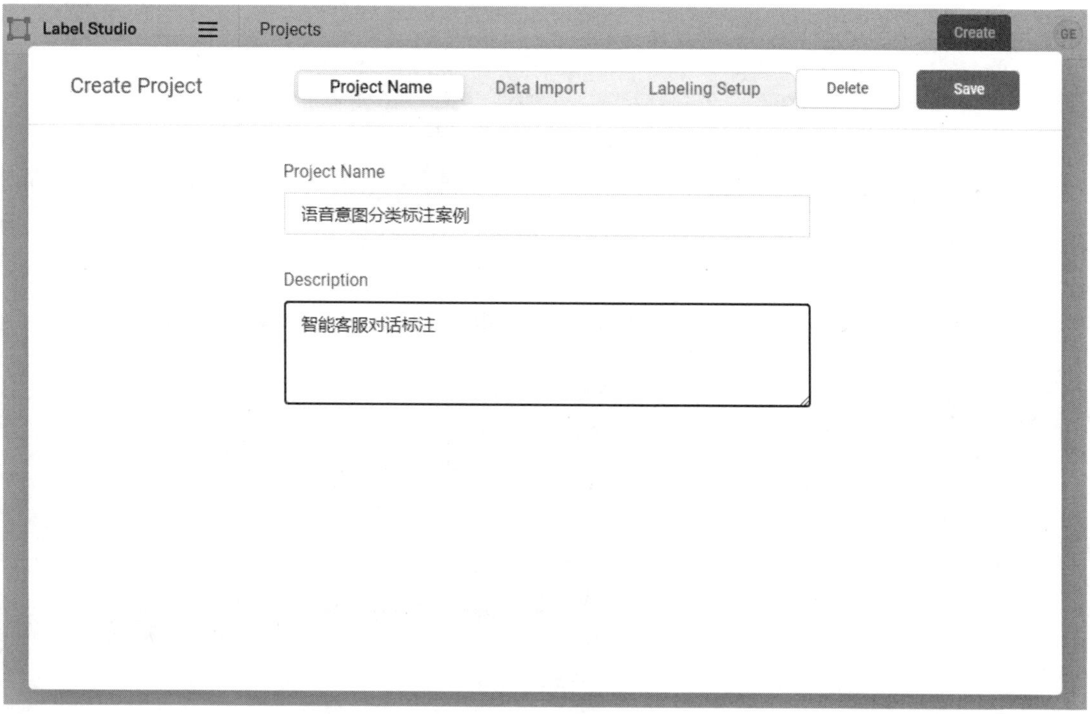

图 5-37　创建项目

选择"Data Import"选项卡，单击"Upload Files"按钮，选择准备好的音频数据进行导入，如图 5-38 所示。如果有多条音频数据需要标注，则可以单击"Upload More Files"按钮继续导入数据。

选择"Labeling Setup"选项卡"，先选择第三项"Audio/Speech Processing"，再选择第三个任务"Intent Classification"，如图 5-39 所示。

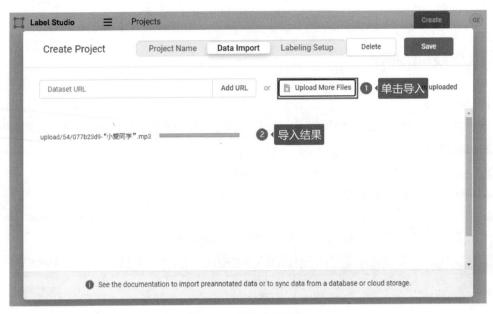

图 5-38　导入音频数据

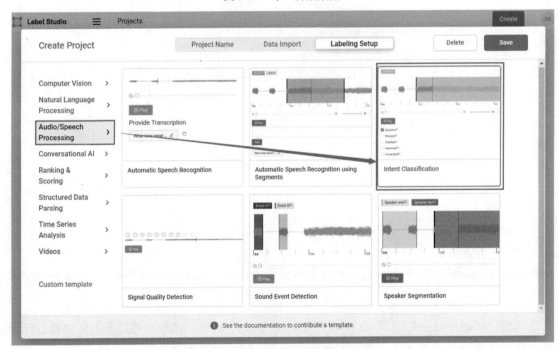

图 5-39　选择任务

打开标签设置页面（见图 5-40），设置标签类型。

在"Add label names"文本框中输入需要添加的标签并单击"Add"按钮保存；单击"Labels"列表中的删除按钮 ⊠ 删除无用标签。在本任务中，删除模板中自带的标签，添加"方言""普通话"两个标签，并将其显示在"Labels"列表中。

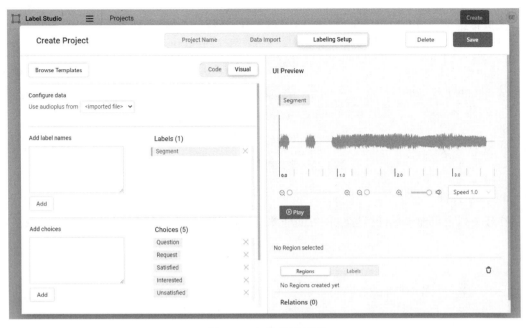

图 5-40　标签设置页面

在"Add choices"文本框中输入需要添加的意图并单击"Add"按钮保存；单击"Choices"列表中的删除按钮⊠删除无用意图。在本任务中，删除模板中自带的意图，添加"疑问""反问""肯定""否定""请求"5 个意图，并将其显示在"Choices"列表中。"Choices"在此处表示意图的分类。标签设置结果如图 5-41 所示。

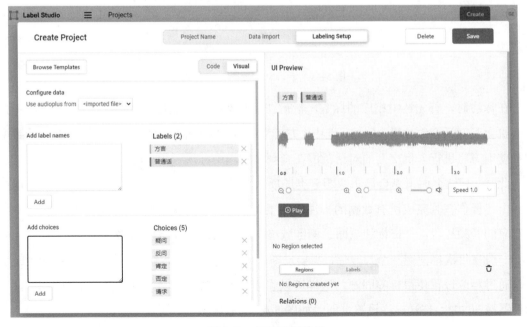

图 5-41　标签设置结果

完成标签设置后，单击"Save"按钮保存项目，保存后的任务列表页面如图5-42所示。

图5-42　保存后的任务列表页面

3）开始标注

在任务列表页面中单击待标注任务的任意位置，打开语音意图分类标注页面，如图5-43所示。

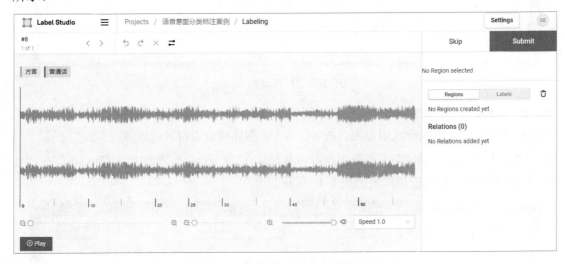

图5-43　语音意图分类标注页面

在标注时，首先选中相应的标签，然后在音频数据中通过拖放鼠标左键选择与标签对应的人机交互对话音频片段。例如，选中"方言"标签，单击蓝色的"Play"按钮播放音频数据，根据使用方言进行人机交互的对话范围在音频波形图中标注音频片段，如图5-44所示。

此时，标注页面下侧会显示意图分类选项，根据交互内容判断并勾选对应的意图复选框。循环上述操作直到完成所有数据的标注。如果某次标注不准确，则在波形图中单击与此次标注对应的音频片段，并在标注页面上侧区域单击删除按钮 ×，删除本次标注。

一般在每次标注完一个片段后，需要重新选中标签才能开始新的标注。为加快标注速度，可以通过相应设置使得标签固定，这样可以连续、多次标注，提高标注效率。单击工具栏中的设置按钮 ⇄，打开标注设置页面，如图5-45所示。

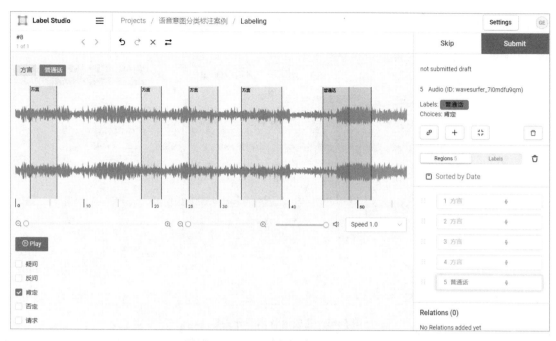

图 5-44　标注人机交互对话音频片段

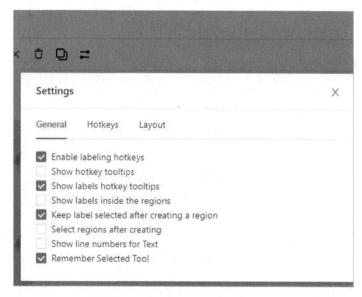

图 5-45　标注设置页面

勾选"Keep label selected after creating a region"复选框，即可保持被选中的标签不改变，从而进行连续、多次标注。标注完成后，单击"Submit"按钮提交，完成语音意图分类标注，如图 5-46 所示。

4）导出结果

返回任务列表页面，勾选待导出记录对应的复选框。单击"Export"按钮，打开文件导出页面，选中"JSON"单选按钮，如图 5-47 所示。单击"Export"按钮，开始导出结果到本地。

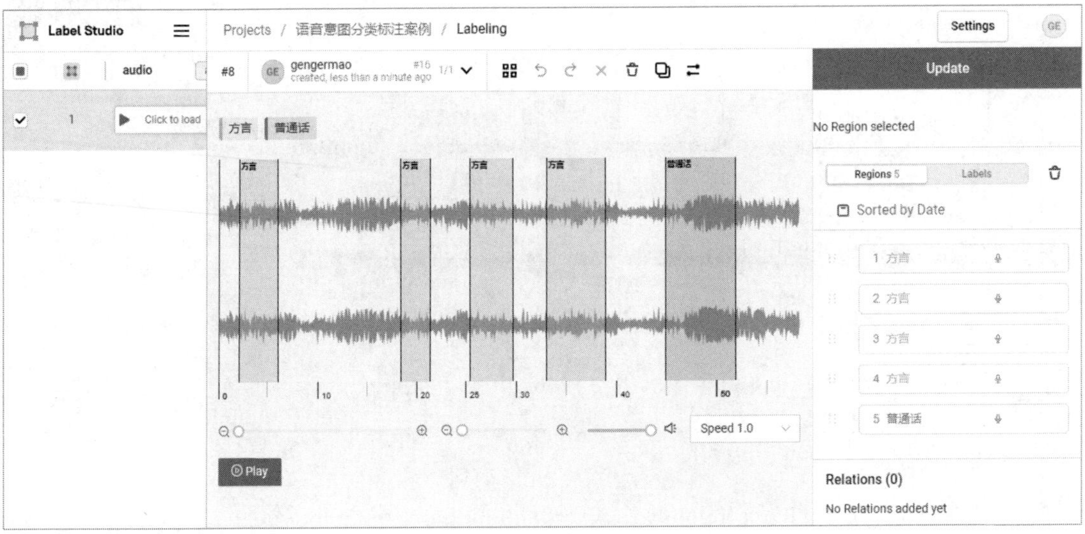

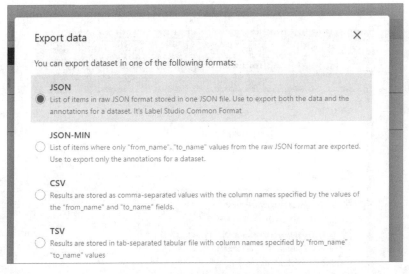

图 5-46　完成语音意图分类标注

图 5-47　选中"JSON"单选按钮

导出结果为"JSON"文件。从结果中可以看出，每个视频片段中都包含了对应的 start 开始时间信息、end 结束时间信息、labels 语言分类和 choices 意图分类。

```
    {
        "id": 8,
        "annotations": [
            {
                "id": 16,
                "completed_by": 1,
```

```
"result": [
    {
        "original_length": 58.32533333333333,
        "value": {
            "start": 2.1346193039110157,
            "end": 6.0899433082167205,
            "labels": [
                "方言"
            ]
        },
        "id": "wavesurfer_02j1sqp586o",
        "from_name": "labels",
        "to_name": "audio",
        "type": "labels",
        "origin": "manual"
    },
    {
        "original_length": 58.32533333333333,
        "value": {
            "start": 2.1346193039110157,
            "end": 6.0899433082167205,
            "choices": [
                "请求"
            ]
        },
        "id": "wavesurfer_02j1sqp586o",
        "from_name": "intent",
        "to_name": "audio",
        "type": "choices",
        "origin": "manual"
    },
    {
        "original_length": 58.32533333333333,
        "value": {
            "start": 18.39539576605669,
            "end": 21.346193039110155,
            "labels": [
                "方言"
            ]
        }
```

```
            },
            "id": "wavesurfer_52413h7n01",
            "from_name": "labels",
            "to_name": "audio",
            "type": "labels",
            "origin": "manual"
        },
        {
            "original_length": 58.32533333333333,
            "value": {
                "start": 18.39539576605669,
                "end": 21.346193039110155,
                "choices": [
                    "疑问"
                ]
            },
            "id": "wavesurfer_52413h7n01",
            "from_name": "intent",
            "to_name": "audio",
            "type": "choices",
            "origin": "manual"
        },
        {
            "original_length": 58.32533333333333,
            "value": {
                "start": 25.42708288482239,
                "end": 29.696321492644422,
                "labels": [
                    "方言"
                ]
            },
            "id": "wavesurfer_930ok8ftmn",
            "from_name": "labels",
            "to_name": "audio",
            "type": "labels",
            "origin": "manual"
        },
        {
            "original_length": 58.32533333333333,
```

```json
            "value": {
                "start": 25.42708288482239,
                "end": 29.696321492644422,
                "choices": [
                    "反问"
                ]
            },
            "id": "wavesurfer_930ok8ftmn",
            "from_name": "intent",
            "to_name": "audio",
            "type": "choices",
            "origin": "manual"
        },
        {
            "original_length": 58.32533333333333,
            "value": {
                "start": 33.02381628991748,
                "end": 38.98819375672767,
                "labels": [
                    "方言"
                ]
            },
            "id": "wavesurfer_o6dfqkq90eo",
            "from_name": "labels",
            "to_name": "audio",
            "type": "labels",
            "origin": "manual"
        },
        {
            "original_length": 58.32533333333333,
            "value": {
                "start": 33.02381628991748,
                "end": 38.98819375672767,
                "choices": [
                    "疑问"
                ]
            },
            "id": "wavesurfer_o6dfqkq90eo",
            "from_name": "intent",
```

```
                    "to_name": "audio",
                    "type": "choices",
                    "origin": "manual"
                },
                {
                    "original_length": 58.32533333333333,
                    "value": {
                        "start": 44.88978830283459,
                        "end": 51.98425834230355,
                        "labels": [
                            "普通话"
                        ]
                    },
                    "id": "wavesurfer_7i0mdfu9qm",
                    "from_name": "labels",
                    "to_name": "audio",
                    "type": "labels",
                    "origin": "manual"
                },
                {
                    "original_length": 58.32533333333333,
                    "value": {
                        "start": 44.88978830283459,
                        "end": 51.98425834230355,
                        "choices": [
                            "肯定"
                        ]
                    },
                    "id": "wavesurfer_7i0mdfu9qm",
                    "from_name": "intent",
                    "to_name": "audio",
                    "type": "choices",
                    "origin": "manual"
                }
            ],
            "was_cancelled": false,
            "ground_truth": false,
            "created_at": "2022-06-24T12:10:42.085046Z",
            "updated_at": "2022-06-24T12:10:42.085046Z",
```

```
                "lead_time": 887.291,
                "prediction": { },
                "result_count": 0,
                "task": 8,
                "parent_prediction": null,
                "parent_annotation": null
            }
        ],
        "file_upload": "077b23d9-小爱同学.mp3",
        "drafts": [ ],
        "predictions": [ ],
        "data": {
            "audio": "/data/upload/54/077b23d9-%E5%B0%8F%E7%88%B1%E5%90%
8C%E5%AD%A6.mp3"
        },
        "meta": { },
        "created_at": "2022-06-24T11:54:58.990625Z",
        "updated_at": "2022-06-24T12:10:42.149401Z",
        "project": 54
    }
```

5.4.4　动手实践

导入本书配套数字化资源中的音频文件 speech08.mp3～speech10.mp3，在自建项目中进行语音意图分类标注。

结果参考如下。

（1）speech08.mp3 中的语音意图为"疑问"。

（2）speech09.mp3 中的语音意图为"请求"。

（3）speech10.mp3 中的语音意图为"要求"。

小　结

本章主要介绍了 4 部分内容，包括自动语音识别标注、说话人语音分割标注、声音事件检测标注和语音意图分类标注。通过本章内容，主要完成了以下教学目标。

知识目标：

（1）熟悉常见的语音标注任务。

（2）熟悉语音标注的相关概念和指标。

（3）熟悉语音标注过程中的常见要求。

（4）了解标注员的相关职业素养。

能力目标：

（1）能够完成常见的语音标注任务。

（2）能够配合完成常见的语音标注质量检测任务。

（3）能够组建团队，落实语音标注目标和相关计划。

思政目标：

（1）培养业精于勤、一丝不苟的工匠精神。

（2）感受中国人工智能产业的蓬勃发展。

（3）领略源远流长的中华优秀传统文化。

（4）强化严谨务实的工作态度。

（5）培养团结协作的团队精神。

课后习题

一、选择题

（1）下列不是语音数据导入格式的为（　　　）。

　　A．JSON　　　　　　B．MP3　　　　　　C．MP4　　　　　　D．WAV

（2）自动语音识别可以应用的场景有（　　　）。

　　A．异常监测　　　　　　　　　　　B．会议纪要

　　C．智能客服　　　　　　　　　　　D．智能翻译

（3）声音事件检测标注的导出结果中用于说明事件起始时间的字段是（　　　）。

　　A．begin　　　　　B．start　　　　　C．end　　　　　D．stop

二、简答题

（1）列举说话人语音分割的应用场景。

（2）列举工具中常见的语音标注对应的任务类型。

三、实践题

尝试使用 Label Studio 完成一个未在本书中讲解的自动语音识别类型标注任务，完成数据收集、标注，以及文件导出全过程，并填写记录表。

反侵权盗版声明

电子工业出版社依法对本作品享有专有出版权。任何未经权利人书面许可，复制、销售或通过信息网络传播本作品的行为；歪曲、篡改、剽窃本作品的行为，均违反《中华人民共和国著作权法》，其行为人应承担相应的民事责任和行政责任，构成犯罪的，将被依法追究刑事责任。

为了维护市场秩序，保护权利人的合法权益，我社将依法查处和打击侵权盗版的单位和个人。欢迎社会各界人士积极举报侵权盗版行为，本社将奖励举报有功人员，并保证举报人的信息不被泄露。

举报电话：（010）88254396；（010）88258888

传　　真：（010）88254397

E-mail：　dbqq@phei.com.cn

通信地址：北京市海淀区万寿路 173 信箱
　　　　　电子工业出版社总编办公室

邮　　编：100036